软件测试

韩利凯 袁 溪 高寅生 罗雅过 杨 全 编著

科学出版社

北 京

内 容 简 介

  本书针对高校计算机相关专业软件测试课程的需要而编写，系统介绍软件测试的基础知识与应用技术，并阐述近年来一些新的软件测试理论和方法，内容包含软件测试基础、软件测试计划和管理、软件测试的基本技术、软件测试的过程管理、测试用例设计、软件测试项目管理、Web 应用测试、自动化测试与应用、面向对象软件的测试、第三方测试与云测试，最后给出了一个实际软件项目的测试案例，可使读者清晰地了解软件测试的整个过程，理解如何做好软件测试工作。

  本书内容全面、深入浅出、理论和实践相结合，适合作为高校计算机科学与技术、软件工程等专业软件测试课程的教材，以及软件测试应用型人才的培训教材，也可供软件测试、软件质量保证、软件开发和软件项目管理从业人员参考。

图书在版编目（CIP）数据

软件测试/韩利凯等编著. —北京：科学出版社，2020.2
ISBN 978-7-03-063101-5

Ⅰ. ①软⋯ Ⅱ. ①韩⋯ Ⅲ. ①软件—测试 Ⅳ. ①TP311.5

中国版本图书馆 CIP 数据核字（2019）第 249221 号

责任编辑：昌 盛 滕 云 纪四稳 / 责任校对：杨聪敏
责任印制：张 伟 / 封面设计：华路天然工作室

科学出版社 出版
北京东黄城根北街 16 号
邮政编码：100717
http://www.sciencep.com

北京中石油彩色印刷有限责任公司印刷
科学出版社发行 各地新华书店经销
＊

2020 年 2 月第 一 版 开本：787×1092 1/16
2021 年 7 月第三次印刷 印张：15
字数：356 000

定价：54.00 元
（如有印装质量问题，我社负责调换）

前　言

随着软件规模和复杂性的大幅度提升，软件质量可靠性的问题变得日益突出。软件测试是保证软件质量的关键技术之一，也是软件开发过程中的一个重要环节，其理论知识和技术工具都在飞速发展。几乎每个大中型 IT 企业的软件产品在发布前都需要大量的质量控制、测试和文档工作，而这些工作必须依靠拥有娴熟技术的专业软件人才来完成。软件测试人员就是企业中这样一个重头角色。但是目前国内大多数软件企业测试人员的数量不到开发人员数量的 1/5，与国外先进水平相比远远不足。由此可见，我国对软件测试人员的需求量越来越大。

在上述社会现状下，随着高校计算机相关专业软件测试课程的开设，软件测试教学在高校中已经广泛开展，使得软件测试课程的教学逐步完善，并且得到进一步的改善。因此，高校对软件测试课程教材的需求也与日俱增，特别是理论和实践相结合的优质教材。

本书的特色是：①理论和实践相结合。在理论基础上拓展实践技能，本书前半部分详细介绍软件测试的理论知识，后半部分介绍 Web 应用测试、自动化测试方法、第三方测试与云测试，最后通过一个实际软件项目的测试案例将理论与实践相结合，以提高读者对软件测试的认识。本书各个章节都提供了大量的应用实例以说明各个测试知识点的运用，并且每章后附有习题。②注重知识的多元性。全书贯穿软件工程、软件质量管理和软件项目管理等知识，让读者体会到软件测试在整个软件工程生命周期中的地位和作用。

本书按照软件测试流程编写，第 1 章主要介绍软件测试的基本概念和相关理论。第 2 章详细讲解软件测试计划，强调在开始测试工作之前，详细全面的计划是很重要的。第 3～5 章详细介绍软件测试的核心技术和测试过程，以及测试用例的设计方法等，重点介绍白盒测试、黑盒测试、单元测试、集成测试、系统测试等重点知识和相关技能，针对测试用例的设计给出若干例题，让读者全面理解软件测试的实际测试方法。第 6 章具体介绍软件测试项目管理的相关知识和技术，以培养读者掌握软件测试文档的编写、缺陷的报告和分析，以及问题跟踪系统等各方面的技能。第 7 章介绍 Web 应用测试方法，对当下流行的 Web 应用进行有针对性的测试讲解，对其特殊的测试内容和方法进行介绍，并介绍相关的 Web 测试软件。第 8 章重点介绍软件自动化测试的引入、发展和优缺点，让读者正确地认识软件自动化测试，并介绍目前较为流行的一些测试工具，包括 QTP（quick test professional）、LoadRunner 等。第 9 章介绍面向对象软件的测试，因为面向对象软件具有自身的特殊性，所以单独对它进行讲解。第 10 章介绍第三方测试和云测试等一些新的软件测试理论和方法。第 11 章通过一个实际软件项目的测试案例，将软件测试的流程系统地展现给读者，以加深读者对软件测试技术和软件测试过程的理解，有助于理论和实践的结合。

　　本书由韩利凯、袁溪、高寅生、罗雅过、杨全编著。编写分工如下：韩利凯负责第 1～3 章和第 10 章；袁溪负责第 6 章、第 9 章和第 11 章；罗雅过负责第 4 章和第 8 章；杨全负责第 5 章和第 7 章；高寅生教授对本书进行了审核。本书在撰写过程中得到了多方面的帮助、指导和支持，在此向所有关心和支持本书出版的同志表示感谢。

　　由于作者水平有限，书中难免会有疏漏之处，敬请广大读者提出宝贵的意见和建议。

作　者

2019 年 2 月

目　录

第1章 软件测试基础

软件的质量就是软件的生命，为了保证软件的质量，人们在长期的开发过程中积累了许多经验并形成了许多行之有效的方法。但是借助这些方法，我们只能尽量减少软件中的错误和不足，却不能完全避免所有的错误，软件测试是最有效的排除和防止软件缺陷与故障、确保软件质量的重要手段。软件工程的复杂度的不断增强，以及软件的工业化发展趋势，使得软件测试得到了广泛的重视。

1.1 软件测试的基本概念

1.1.1 软件测试的定义

先讲一个真实的故事。故事发生在 1945 年 9 月 9 日一个炎热的下午。当时的机房是一间在第一次世界大战时建造的老建筑，没有空调，所有窗户都敞开着。Grace Hopper 正领导着一个研究小组夜以继日地工作，研制一台被称为"MARK Ⅱ"的计算机。但这不是纯粹的电子计算机，它使用了大量的继电器(电子机械装置，那时还没有使用晶体管)。突然，"MARK Ⅱ"死机了。研究人员试了很多次还是无法启动，然后就开始用各自的方法找问题，看问题到底出在哪里，最后定位到板子 F 第 70 号继电器出错。Hopper 观察这个出错的继电器，惊奇地发现一只飞蛾躺在中间，已经死掉。她小心地用镊子将飞蛾夹了出来，用透明胶布贴到"事件记事本"中，并注明"第一个发现虫子的实例"。再重新启动，计算机恢复了正常。从此以后，人们将计算机中出现的任何错误戏称为"臭虫"(bug)，而且把寻找错误的工作称为"找臭虫"(debug)。Hopper 当时所用的"事件记事本"，连同那只飞蛾一起被陈列在美国历史博物馆中，如图 1-1 所示。

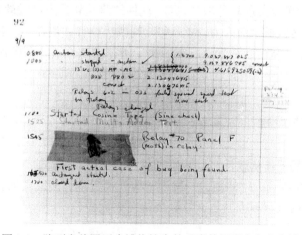

图 1-1 陈列在美国历史博物馆中的"事件记事本"和飞蛾

这个故事告诉我们，在软件运行之前，要将计算机系统中存在的问题找出来，否则计算机系统可能会在某个时刻不能正常工作，造成更大的危害。从这个故事中也知道了软件缺陷被称为"bug"的原因，而且知道在什么时候，第一个"bug"被发现。

那么，什么是软件测试，软件测试是否只局限于找"bug"，这种解释是否过于简单呢？软件测试绝非这么简单。在电气和电子工程师协会（Institute of Electrical and Electronics Engineers，IEEE）提出的软件工程标准术语中，软件测试定义为："使用人工和自动手段来运行或测试某个系统的过程，其目的在于检验它是否满足规定的需求或弄清楚预期结果与实际结果之间的差别"。换句话说，软件测试是在规定的条件下对程序进行操作，以发现程序错误，衡量软件质量，并对其是否能满足设计要求进行评估的过程。软件测试是与软件质量密切联系在一起的，归根结底，软件测试是为了保证软件质量。

1.1.2 软件测试的目的

进行软件测试的原因就是软件存在缺陷。软件中存在的缺陷会给用户、客户和企业带来伤害或损失。2007 年 10 月 30 日，北京奥运会第二阶段门票销售刚启动就因为购票者太多而导致售票系统出现了瓶颈问题（图 1-2），从而门票销售被迫暂停。

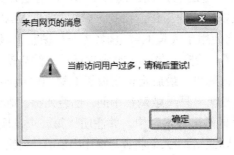

图 1-2　购票者太多导致售票系统被迫暂停

因此，通过测试可以发现软件缺陷，并将软件缺陷从软件产品或软件系统中清理出去。软件测试的目的就是以最少的人力、物力和时间找出软件中潜在的各种错误和缺陷，将其修正来提高软件质量，从而回避软件发布后由于潜在的软件缺陷和错误而造成的隐患所带来的商业风险。

1.1.3 软件测试的流程

软件测试的流程是指从软件测试开始到软件测试结束所经过的一系列准备、执行、分析的过程，如图 1-3 所示。软件测试的流程一般要通过制订测试计划、设计测试、实施测试、执行测试、评估测试和回归测试等几个阶段来完成。

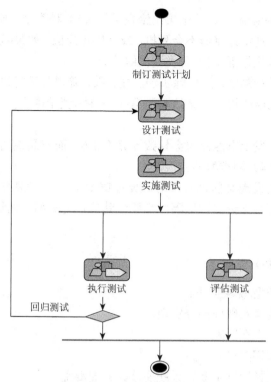

图 1-3　软件测试的流程

1.2　软　件　缺　陷

1.2.1　软件缺陷概述

1. 软件缺陷的定义

软件缺陷是存在于软件（文档、数据、程序）之中的那些不希望或不可接受的偏差。其结果是软件运行于某一特定条件时出现软件故障，这时称软件缺陷被激活。软件缺陷常常又称为 bug。

一般地，以下任意一种情况都可以称为软件缺陷：

（1）软件未达到产品说明书中标明的功能。

（2）软件出现了产品说明书中指明的不会出现的现象。

（3）软件功能超出了产品说明书中指明的范围。

（4）软件未达到产品说明书中指明应达到的目的。

（5）软件难以理解和使用，运行速度慢，或最终用户认为不好。

2. 软件缺陷案例

下面以开发计算器为例来介绍一个软件缺陷的案例。计算器的产品说明书中描述：计算器应能准确无误地进行加、减、乘、除运算。如果按下加法键，没什么反应，那么这就是上述第（1）种类型的缺陷；计算结果出错也是第（1）种类型的缺陷。

产品说明书还可能规定计算器不会死机，或者停止反应。如果随意敲键盘导致计算器停止接收输入，那么这就是第（2）种类型的缺陷。

如果使用计算器进行测试，发现除了加、减、乘、除以外还可以求平方根，但是产品说明书没有提及这一功能模块，那么这就是第（3）种类型的缺陷——软件实现了产品说明书中未提及的功能。

在测试计算器时若发现电池没电会导致计算不正确，而产品说明书是假定电池一直都有电的，从而发现第（4）种类型的错误。

软件测试人员如果发现某些地方不对，如按键太小、"="键布置的位置不好按、在亮光下看不清显示屏等，无论何种原因，都要将其认定为缺陷。而这正是第（5）种类型的缺陷。

3. 软件缺陷的主要类型/现象

软件缺陷的主要类型/现象如下：
（1）功能、特性没有实现或部分实现。
（2）设计不合理，存在缺陷。
（3）实际结果和预期结果不一致。
（4）运行出错，包括运行中断、系统崩溃、界面混乱。
（5）数据结果不正确、精度不够。
（6）用户不能接受的其他问题，如存取时间过长、界面不美观等。

4. 产生软件缺陷的原因

软件开发人员思维上的主观局限性，且目前开发的软件系统都相当复杂，决定了在开发过程中出现软件错误是不可避免的。产生软件缺陷的主要原因有以下几个方面：
（1）技术问题，主要包括算法错误、语法错误、计算和精度问题、接口参数传递不匹配等。
（2）团队工作问题，即人与人的交流远比写程序困难得多，团队人员之间相互误解、沟通不充分，项目没有被很好地理解。
（3）软件本身问题，即软件可靠性缺少度量的标准，质量无法保证。
（4）软件规格说明书中有些功能不可用或无法实现。
（5）异常情况，一时难以想到的某些特别的应用场合，如时间同步、大数据量和用户的特别操作等。

1.2.2　软件缺陷的生命周期

在软件开发过程中，软件缺陷拥有自身的生命周期。软件缺陷在走完其生命周期后最终会关闭确定的生命周期保证了过程的标准化。软件缺陷在其生命周期中会处于许多不同的状态，其生命周期如图1-4所示。

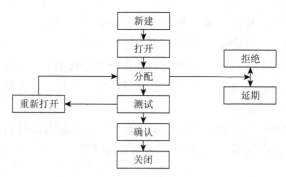

图 1-4　软件缺陷生命周期

新建：当缺陷被第一次递交的时候，它的状态就是"新建"，也就是说此时缺陷未被确认是否真正是一个缺陷。

打开：在测试者提交一个缺陷后，测试经理将其确定为一个缺陷时会把状态置为"打开"。

分配：一旦测试经理将缺陷置为"打开"，他会把缺陷交给相应的开发人员或者测试组，这时缺陷状态变更为"分配"。

测试：当开发人员修复缺陷后，他会把缺陷提交给测试组进行新一轮的测试。在开发人员公布已修复缺陷的程序之前，他会把缺陷状态置为"测试"，这表明缺陷已经修复并且已经交给了测试组。

延期：缺陷状态被置为"延期"意味着缺陷将会在下一个版本中被修复。将缺陷置为"延期"的原因有许多种，有些是因为缺陷优先级不高，有些是因为时间紧，有些是因为缺陷对软件不会造成太大影响等。

拒绝：如果开发人员不认为其是一个缺陷，他会不接受，然后把缺陷状态置为"拒绝"。

确认：一旦缺陷被修复，它就会被置为"测试"，测试人员会执行测试。如果缺陷不再出现，证明缺陷被修复，同时其状态被置为"确认"。

重新打开：如果缺陷被开发人员修复后仍然存在，那么测试人员会把缺陷状态置为"重新打开"，缺陷即再次进入其生命周期。

关闭：一旦缺陷被修复，测试人员会对其进行测试。如果测试人员认为缺陷不存在了，那么他会把缺陷状态置为"关闭"。这个状态意味着缺陷被修复，并已通过了测试。

1.3　软件质量及其度量与保证

1.3.1　软件质量概论

软件质量是软件的生命，它直接影响软件的使用与维护。通常软件质量从以下几方面进行评价：

（1）软件需求是衡量软件质量的基础，不符合需求的软件就不具备质量，设计的软件应在功能、性能等方面都符合要求，并能可靠地运行。

（2）软件结构良好，易读、易于理解，并易于修改、维护。

（3）软件系统具有友好的用户界面，便于用户使用。

（4）软件生命周期中各阶段文档齐全、规范，便于配置、管理。

影响软件质量的因素有很多，如正确性、可靠性、健壮性、容错性、可扩充性、可移植性、可维护性、可测试性等。

面对众多的质量因素如何折中，这实际上就是区分质量因素对软件质量影响程度轻重的问题，这个问题已经有了解决方案，即软件质量模型。

1. Boehm 质量模型

Boehm 质量模型是 1976 年由 Boehm 等人提出的分层方案，将软件的质量特性定义为分层模型，如图 1-5 所示。

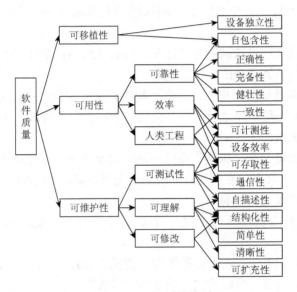

图 1-5　Boehm 质量模型

2. McCall 质量模型

McCall 质量模型是 1979 年由 McCall 等人提出的软件质量模型，它将软件质量的概念建立在 11 个质量特性之上，而这些质量特性分别面向软件产品的运行、修正和转移，具体如图 1-6 所示。

3. ISO 的软件质量模型

按照 ISO/IEC 9126-1-2001，软件质量模型可以分为内部质量模型、外部质量模型和使用质量模型，又将内部和外部质量分成六个质量特性，将使用质量分成四个质量属性，具体如图 1-7 和图 1-8 所示。

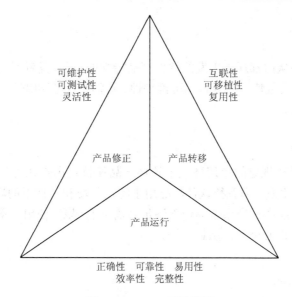

图 1-6　McCall 质量模型

图 1-7　内部质量和外部质量模型

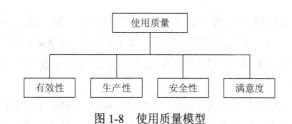

图 1-8　使用质量模型

1.3.2　软件质量度量

软件质量度量主要是根据软件生命周期中对软件质量的要求所进行的一项活动,它主要分为三个方面:外部质量度量、内部质量度量和使用质量度量。

1. 外部质量度量

外部质量度量是从外部观点出发的软件产品特性的总体,它是当软件执行时,更典型的是使用外部度量在模拟环境中,用模拟数据测试时,所被测量和评价的质量,即在预定的系统环境中运行时可能达到的质量水平。外部质量特征主要包括正确性、可用性、效率、可靠性、完整性、适应性、精确性、坚固性。

2. 内部质量度量

内部质量度量是从内部观点出发的软件产品特性的总体,是针对内部质量需求被测量和评价的质量。内部质量特征主要包括可维护性、灵活性、可移植性、可重用性、可读性、可测试性、可理解性。

3. 使用质量度量

使用质量度量是在规定的使用环境下软件产品使特定用户在达到规定目标方面的能力,它是从用户观点出发,来看待软件产品用于特定环境和条件下的质量,反映的是从用户角度看到的软件产品在适当系统环境下满足其需求的程度。使用质量用以下质量特征表述:有效性、生产率、安全性、满意度等。

1.3.3　软件质量保证

软件质量保证是贯穿于软件项目整个生命周期的有计划和系统的活动,经常针对整个项目质量计划执行情况进行评估、检查和改进,向管理者、需求方或其他方提供信任,确保项目质量与计划保持一致,确保软件项目的过程遵循了对应的标准及规范要求,且产生了合适的文档和精确反映项目情况的报告,其目的是通过评价项目质量确保项目达到质量要求。软件质量保证活动主要包括评审项目过程、审计软件产品,以及就软件项目是否真正遵循已经制订的计划、标准和规程等给管理者提供可视性项目和产品可视化的管理报告。

评价、度量和测试在技术内容上有着非常重要的关系。软件测试是获取度量值的一种重要手段。软件度量在《军用软件质量度量》(GJB 5236—2004)中主要规定软件质量模型和内部质量度量、外部质量度量以及使用质量度量,可用于在确定软件需求时规定软件质量需求或其他用途。

软件质量评价在《军用软件产品评价》(GJB 2434A—2004)中则针对开发者、需求方和评价者提出了三种不同的评价过程框架。在执行软件产品评价时,确立评价需求的质量模型就需要采用 GJB 5236—2004 给出的内部质量度量、外部质量度量、使用质量度量等。

这两个系列标准的关系如图 1-9 所示,从图中可以看出 GJB 2434A—2004 和 GJB 5236—2004 的联系是非常密切的,需要有机地结合起来才能有效完成软件产品的度量和评价工作。其中,度量值的获取主要来自软件测试。可以说评价依据度量,而度量依据测试;也可以说评价指导度量,度量指导测试。

软件质量保证和软件测试是否是一回事?有人认为,软件测试就是软件质量保证,也有人认为,软件测试只是软件质量保证的一部分。这两种说法都不全面,软件质量保证和软件测试二者之间既存在包含又存在交叉的关系。

软件测试能够找出软件缺陷,确保软件产品满足需求。但测试不是质量保证,二者并不等同。测试可以查找错误并进行修改,从而提高软件产品的质量。软件质量保证可避免软件测试出现错误,以获得高质量的软件产品,并且还有其他方面的措施以保证质量问题。

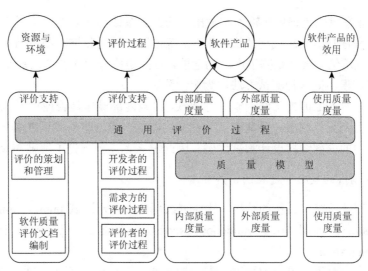

图 1-9　评价、度量和测试的关系

从共同点角度看，软件质量保证和软件测试的目的都是尽力确保软件产品满足需求，从而开发出高质量的软件产品，两个流程都贯穿在整个软件开发生命周期中。软件测试主要包括制订测试计划、测试设计、实施测试、建立和更新测试文档。而软件质量保证的主要工作包括制定软件质量要求、组织正式度量、软件测试管理、对软件的变更进行控制、对软件质量进行度量、对软件质量情况及时记录和报告等。

1.4　软件测试的分类

软件测试的方法多种多样，可以从不同角度加以分类。

1. 从是否需要执行被测软件的角度分类

从是否需要执行被测软件的角度，软件测试可分为静态测试（static testing）和动态测试（dynamic testing）。

静态测试就是通过对被测程序的静态审查，发现代码中潜在的错误。它一般用人工方式脱机完成，又称人工测试或代码评审（code review），也可借助于静态分析器在机器上以自动方式进行检查，但不要求程序本身在机器上运行。

动态测试是通常意义上的测试，即使用和运行被测软件。动态测试的对象必须是能够由计算机真正运行的被测试的程序。

2. 从软件测试用例设计方法的角度分类

从软件测试用例设计方法的角度，软件测试可分为黑盒测试（black-box testing）和白盒测试（white-box testing）。

黑盒测试是一种从用户角度出发的测试，又称为功能测试、数据驱动测试或基于规格说明的测试。使用这种方法进行测试时，把被测试程序当成一个黑盒，忽略程序内部结构的特性,测试者在只知道该程序输入和输出之间的关系或程序功能的情况下,依靠能够反映这一关系和程序功能需求规格的说明书,来确定测试用例和推断测试结果的正确性。简单地说,若测试用例的设计是基于产品的功能,目的是检查程序各个功能是否实现,并检查其中的功能错误,则这种测试方法称为黑盒测试。

白盒测试基于产品的内部结构来进行测试,检查内部操作是否按规定执行,软件各个部分功能是否得到充分利用。白盒测试又称结构测试、逻辑驱动测试或基于程序的测试,即根据被测程序的内部结构设计测试用例。因此测试者需要预先了解被测试程序的结构。

3. 从软件测试的策略和过程的角度分类

从软件测试的策略和过程的角度,软件测试可分为单元测试(unit testing)、集成测试(integration testing)、确认测试(validation testing)、系统测试(system testing)和验收测试(verification testing)。

单元测试是针对每个单元的测试,是软件测试的最小单位,它确保每个模块能正常工作。单元测试主要采用白盒测试方法,用以发现内部错误。

集成测试是对已测试过的单元(模块)进行组装,形成新的部件,对部件进行测试。进行集成测试的目的主要在于检验与软件设计相关的程序结构问题。在集成测试过程中,测试人员采用黑盒测试和白盒测试两种方法,来验证多个单元模块集成到一起后是否能够协调工作。

确认测试是检验所开发的软件能否满足所有功能和性能需求的最后手段,通常采用黑盒测试方法。

系统测试的主要任务是检测被测软件与系统的其他部分的协调性,通常采用黑盒测试方法。

验收测试是软件产品质量的最后一关。在这一环节,测试工作主要从用户的角度着手,其参与者主要是用户和少量的程序开发人员,通常采用黑盒测试方法。

上述 5 种软件测试之间有密切的关系,体现在以下方面:

(1)在软件开发过程中,不同阶段的测试对应不同软件对象的测试。例如,集成测试对应部件测试、确认测试对应配置项测试等。如图 1-10 所示。

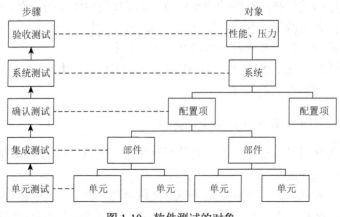

图 1-10　软件测试的对象

（2）在不同的测试阶段，由于测试目标、对象、要求的不同而采用不同的测试技术。表 1-1 为一般情况下不同测试对象中采用的测试技术。

表 1-1　软件测试的技术

测试方法	测试技术
单元测试	黑盒测试、白盒测试、静态测试
集成测试	黑盒测试、白盒测试、静态测试
确认测试	黑盒测试、白盒测试
系统测试	黑盒测试
验收测试	黑盒测试

（3）在不同的阶段对不同对象的测试包含不同的测试项目。例如，确认测试可包含功能测试、性能测试、人机界面测试；集成测试可包括接口测试；系统测试可包括可靠性测试、强度测试等。同时，各阶段和对象的测试完整性要求也不同。

1.5　软件测试的发展历程和趋势

软件测试是伴随着软件的产生而产生的，有软件的生成和运行就必然有软件测试。在早期的软件开发过程中，测试的含义比较窄，将测试等同于"调试"，目的是纠正软件中已经知道的故障，常常由软件开发人员自己完成这部分工作，对测试的投入极少，测试介入得也晚，常常是等到形成代码，产品已经基本完成时才进行测试。软件测试的方法多种多样，直到 1957 年，软件测试才开始与调试区别开来，成为一种发现软件缺陷的活动。

直到 20 世纪 80 年代早期，"质量"的号角才开始吹响。软件测试的定义发生了改变，测试不再单纯是一个发现错误的过程，还包含软件质量评价的内容。软件开发人员和测试人员开始坐在一起探讨软件工程和测试问题。人们制定了各类标准，包括 IEEE 标准、美国国家标准学会（ANSI）制定的投影机光通量标准和国际标准化组织（ISO）制定的标准等。

进入 20 世纪 90 年代，软件行业开始迅猛发展，软件的规模变得非常大。在一些大型软件开发过程中，测试活动需要花费大量的时间和成本，而当时测试的手段几乎完全都是手工测试，测试效率非常低，并且随着软件复杂性的提高，出现了很多通过手工方式无法完成测试的情况。尽管在一些大型软件的开发过程中，人们尝试编写一些小程序来辅助测试，但是仍然不能满足大多数软件项目的统一需要。于是，很多测试实践者开始尝试开发商业的测试工具来支持测试及辅助测试人员完成某一类型或某一领域内的测试工作，测试工具逐渐盛行起来。人们普遍意识到，测试工具不仅是有用的，而且要对今天的软件系统进行充分的测试，工具是必不可少的。测试工具可以进行部分测试设计、实现、执行和比较的工作。通过运用测试工具，可以达到提高测试效率的目的。测试工具的发展，大大提高了软件测试的自动化程度，让测试人员从烦琐和重复的测试活动中解脱出来，专心从事有意义的测试设计等活动。采用自动比较技术,还可以自动完成测试用例执行结果的判断,从而避免人工比对存在的疏漏问题。

随着计算机和软件技术的飞速发展,软件测试技术将更加完善,也将不断推陈出新,其数据的科学性与准确性进一步提升,测试工具更加智能化。

小　　结

本章对软件测试的基础知识进行了简要的介绍,这些内容涵盖软件测试、软件缺陷的相关概念,以及软件质量与质量模型、软件测试的分类、软件测试的发展历程与趋势等。通过本章的学习,读者可以对软件测试有一定的认识,为以后章节的学习打下基础。

习　　题

1. 软件测试是什么?
2. 在使用软件的经历中,对软件缺陷有什么真实的体验?
3. 简述外部质量度量、内部质量度量和使用质量度量。
4. 软件测试和软件质量保证的关系是什么?
5. 软件测试如何分类?

第2章 软件测试计划和管理

"凡事预则立，不预则废"，这里的预就是计划。在日常生活中，如果要举办一个活动，事先都要进行计划。例如，举办计算机编程大赛，首先要制订比赛计划，包括确定大赛的口号、确定比赛规模和方法、设置项目、选择相应的比赛日期，以及确定如何组建各队、如何颁奖等。即使一些个人活动，如出门旅行、撰写论文等，都需要事先制订好计划。制订了周密计划，活动的效果才有保证。如果没有计划，结果往往难以预料。软件测试也不例外，要想成功完成软件测试工作，必须首先制订测试计划，计划是非常重要的。

2.1 软件测试计划的目标

目标指引方向，确定了目标，才能开始进行更周密的计划。所以，在开始制订测试计划之前，需要确定测试目标。对不同的测试项目，软件测试的基本目标都是相同的，即在开发周期内，尽可能早地发现最严重的缺陷。如何实现测试目标，如何规划整个项目周期的测试工作，如何将测试工作上升到测试管理的高度都依赖于测试计划的制订，因此测试计划是测试工作开展的基础。

软件测试是有组织、有计划、有步骤的活动，因此测试必须要有组织、有计划，并且要严格执行测试计划，避免测试的随意性。软件测试计划是指导测试过程的纲领性文件，包含产品概述、测试策略、测试方法、测试区域、测试配置、测试周期、测试资源、测试交流、风险分析等内容。借助软件测试计划，参与测试的测试人员，尤其是测试管理人员，可以明确测试任务和测试方法，保持测试实施过程的顺畅沟通，跟踪和控制测试进度，应对测试过程中的各种变更。

一个好的测试计划可以使测试工作和整个开发工作融合起来，使资源和变更事先作为一个可控制的风险，有助于测试任务的完成。在制订测试计划时必须以系统的方式对程序进行全面了解，才能对程序的处理更清晰、更彻底、更有效。

测试计划是组织管理层面的文件，从组织管理的角度对一次测试活动进行规划，它所要达到的目标有以下几点：

（1）为测试各项活动制订一个现实可行的、综合的计划，包括每项测试活动的对象、范围、方法、进度和预期结果。

（2）为项目实施建立一个组织模型，并定义测试项目中每个角色的责任和工作内容。

（3）开发有效的测试模型，能正确地验证正在开发的软件系统。

（4）确定测试所需要的时间和资源，以保证其可获得性、有效性。

（5）确立每个测试阶段测试完成及测试成功的标准、要实现的目标。

（6）识别出测试活动中的各种风险，并消除可能存在的风险，降低由不可能消除的风险带来的损失。

2.2　制订软件测试计划的原则

制订软件测试计划是软件测试中最有挑战性的工作，以下原则将有助于制订测试计划：

（1）制订测试计划应尽早开始。

（2）保持测试计划的灵活性。

（3）保持测试计划的简洁和易读。

（4）尽量争取多渠道评审测试计划。

（5）计算测试计划的投入。

除了上面提到的原则，要做好测试计划，还必须注意以下几点：

（1）明确测试目标，增强测试计划的实用性。测试目标必须是明确的，是可以量化和度量的，而不是模棱两可的宏观描述。另外，测试目标应该相对集中，避免罗列出一系列目标，从而轻重不分或平均用力。根据对用户需求文档和设计规格文档的分析，确定被测软件的质量要求和测试需要达到的目标。

（2）坚持"5W1H"规则。

why：为什么要进行这些测试。

what：测试哪些方面，不同阶段的工作内容。

when：测试不同阶段的起止时间。

where：相应文档、缺陷的存放位置，测试环境等。

who：项目有关人员组成，安排哪些测试人员进行测试。

how：如何去做，使用哪些测试工具以及测试方法进行测试。

（3）采用评审和更新机制，保证测试计划满足实际需求。测试计划写完后，如果没有经过评审，直接发送给测试团队，会发生测试计划内容可能不准确或遗漏测试内容，或者软件需求变更引起测试范围的增减，测试计划的内容没有及时更新，误导测试人员等现象。

测试计划包含多方面的内容，测试计划编写人员可能受自身测试经验和对软件需求的理解所限，而且软件开发是一个渐进的过程，所以最初编写的测试计划可能是不完善的，是需要更新的。因此需要采取相应的评审机制对测试计划的完整性、正确性、可行性进行评估。例如，在编写完测试计划后，将其提交到由项目经理、开发经理、测试经理、市场经理等组成的评审委员会审阅，根据审阅意见和建议进行修改和更新。

（4）分别制订测试计划、测试详细规格与测试用例。编写软件测试计划要避免一种不良倾向，即测试计划"大而全"，篇幅冗长、重点不突出，既浪费写作时间，也浪费测试人员的阅读时间。最好的方法是把详细的测试技术指标包含到独立创建的测试详细规格文档，把用于指导测试小组执行测试过程的测试用例放到独立创建的测试用例文档或测试用例管理数据库中。测试计划和测试详细规格、测试用例之间是战略和战术的关系，测试计划主要从宏观上规划测试活动的范围、方法和资源配置，而测试详细规格、测试用例是完成测试任务的具体战术。

（5）测试阶段的划分。通常的软件项目基本上采用"瀑布型"开发方式。在这种开发方式下，各个项目的主要活动比较清晰，易于操作。整个项目生命周期为"需求—设计—编码—测试—发布—实施—维护"。然而，在制订测试计划时，有些测试经理对测试的阶段划分还不是十分明晰，经常遇到的问题是把测试单纯理解成系统测试，或者把各类型测试设计全部放入生命周期的"测试阶段"，这样造成的问题是一方面浪费了开发阶段可以并行的项目日程，另一方面是造成测试不足。

（6）系统测试阶段日程安排。阶段划分清楚了，随之而来的问题是测试执行需要多长的时间。标准的工程方法是对工作量进行估算，然后得出具体的估算值。但是这种方法过于复杂，一个可操作的简单方法是：根据上一阶段的活动时间进行换算，即开发计划中系统测试的时间大概是编码阶段（包含单元测试和集成测试）所用时间的 1～1.5 倍。这种方法的优点是简单，缺点是工作量难以量化。

2.3　衡量软件测试计划的标准

一份好的软件测试计划应具备如下特点：

（1）它应能有效地引导整个软件测试工作正常运行，并配合开发部门，保证软件质量，按时将产品推出。

（2）它所提供的方法应能使测试工作高效地进行，即能在较短的时间内找出尽可能多的软件缺陷。

（3）它应提供明确的测试目标、测试策略、具体测试步骤及测试标准。

（4）它既强调测试重点，也重视测试的基本覆盖率。

（5）它所制订的测试方案尽可能充分利用公司现有的、可以提供给测试部门的人力/物力资源，而且是可行的。

（6）它所列举的所有数据都必须是准确的，如外部软件、硬件的兼容性所要求的数据和输入、输出数据等。

（7）它对测试工作的安排有一定的灵活性，可以应付一些突然变化的情况，如当时间安排或产品出现变化时，测试工作也能相应地变化。

2.4　制订软件测试计划的步骤

在制订软件测试计划时，需要经历图 2-1 所示的几个步骤。

软件测试计划是指导测试过程的纲领性文件，描述测试活动的范围、方法、策略、资源、任务安排和进度等，并确定测试项（哪些功能特性将被测试，哪些功能特性无需测试），识别测试过程中的风险。借助软件测试计划，确保测试实施过程顺畅，能有效地跟踪和控制测试过程，容易应对可能发生的各种变更。

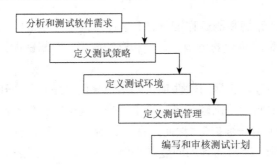

图 2-1　制订软件测试计划的步骤

在制订测试计划时，由于不同软件公司的背景不同，测试计划内容会有差异，但一些基本内容是相同的。例如，《计算机软件测试文档编制规范》（GB/T 9386—2008）中规定软件测试计划应包含如下 16 项内容：

（1）测试计划标识符。

（2）项目总体情况简介。

（3）测试项。

（4）需要测试的功能。

（5）方法策略。

（6）不需要测试的功能。

（7）测试项通过/失败的标准。

（8）测试中断和恢复的规定。

（9）测试完成所提交的材料。

（10）测试任务。

（11）测试环境要求。

（12）测试人员职责。

（13）人员安排与培训需要。

（14）进度表。

（15）潜在的问题和风险。

（16）审批。

在测试计划中，还要考虑休假和法定节假日带来的影响，以及做好项目相关技术和业务的培训。制订软件测试计划主要集中在以下几个方面：

（1）测试目标和范围，包括质量目标、产品特性，以及各阶段的测试对象、目标、范围和限制。

（2）项目估算，即根据历史数据和采用恰当的评估技术，如项目工作分解结构方法，对测试工作量、所需资源做出合理的估算。

（3）风险计划，即测试可能存在的风险的分析、识别以及风险的回避、监控和管理。

（4）进度表，即根据项目估算结果和人力资源现状，以软件测试的常规周期作为参考，采用关键路径法等，完成进度的安排，采用时限图、甘特图等方法来描述资源和时间的关系，如什么时候测试哪一个模块、什么时候要完成某项测试任务等。

（5）项目资源，即人员、硬件和软件等资源的组织和分配，人力资源是重点，它和日程安排联系密切。

（6）跟踪和控制机制，即质量保证和控制、变化管理和控制等。例如，明确如何提交一个问题报告、如何去界定一个问题的性质或严重程度、多少时间内做出响应等。

对于大型软件项目，可能需要一系列测试计划书，如按集成测试、系统测试、验收测试等阶段去组织，为每一个阶段制订一个计划书，也可以为每个测试项（如安全性测试、性能测试、可靠性测试等）制订特别的计划书，甚至可以制定测试范围/风险分析报告、测试标准工作计划、资源和培训计划、风险管理计划、测试实施计划、质量保证计划等。

2.5　测试需求及分析

2.5.1　测试需求分类

测试需求是指产品要实现什么功能，即主要解决测什么及测到什么程度的问题。测试需求从不同的角度可以划分为多种类型，如图 2-2 所示。

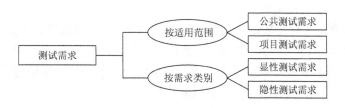

图 2-2　测试需求的分类

1. 按适用范围分类

（1）公共测试需求：同类型系统共同需要的、通用的需求。

（2）项目测试需求：根据不同的项目，编制出的针对项目特点的测试需求。

项目测试需求又分为以下几种：

①功能测试需求：是将系统中显性、不通用的页面、功能，按模块顺序整理转化为便于测试的一种需求。

②流程测试需求：是将系统业务流程中不同节点、不同角色的特殊功能，整理形成直观的、便于测试的一种需求。

③通用测试需求：是将系统中通用的功能操作、要求转化为便于测试的一种需求，如通用的功能按钮、页面、规定、名词术语等。

④非功能测试需求：是软件中除明确的功能需求以外的需求，如兼容性、观感（界面）需求、易用性、性能要求、可维护性要求等。

2. 按需求类别分类

（1）显性测试需求：可直接获取的需求，如项目组提供的各类需求文档、会议纪要、用户手册以及项目组主动告知的一些需求。

（2）隐性测试需求：无法直接获取的需求，如程序运行中一些必要的条件限制，以及某系统的行业标准、规范中隐含的需求等。

2.5.2　测试需求的收集

测试需求并不等同于软件需求，它是从测试的角度出发并根据软件需求整理出一个测试列表，作为该软件的主要测试内容。软件测试需求的主要来源是系统需求说明书（或者称为软件规格说明书），有了系统需求说明书基本就能画出系统的样子。测试需求还可以通过其他途径来获得：

（1）与待测软件相关的文档资料，如用例（Use Case）、界面设计、项目会议或与客户沟通时关于需求信息的会议记录、其他技术文档等。

（2）与客户或系统分析员的沟通。

（3）业务背景资料，如待测软件业务领域的知识等。

（4）正式与非正式的培训。

原则上，所有的软件需求都应该是可测试的，因为如果作为测试人员对需求无法产生准确的理解（即无法得出明确的结果），那么，开发人员也同样无法对同一条需求产生准确的理解。在测试需求的采集过程中，需要注意的一点就是需求来源的广泛性和全面性，要尽可能收集更多的原始需求，不存在遗漏，并且可以对需求进行适当的扩充，这些需求的获取应该不仅局限于上述内容，也不仅局限于各种文档、资料。

2.5.3　测试需求的整理分析

在收集完测试需求后，需要根据测试阶段和重点，整理测试需求。测试处于不同的阶段，测试的重点也是不同的，例如，集成测试阶段主要是检验程序单元或部件的接口关系；系统测试阶段重点是验证和确认系统是否达到了其原始目标，通过与系统的需求定义做比较，发现软件与系统定义不符合或与之矛盾的地方。因此，确立测试阶段和重点，才能在测试需求分析时，做到方向正确、目标明确。

测试需求采集之后得到的是一张没有优化的需求表，需要对这份原始需求表进行初步的规划：删除冗余重复的需求，使各个需求间没有过多的交集；需求需覆盖业务流程、功能、非功能方面的需求等。

在做测试需求分析时需要列出以下类别：

（1）常用的或规定的业务流程。

（2）各业务流程分支的遍历。

（3）明确规定不可使用的业务流程。

（4）没有明确规定但是应该不可以执行的业务流程。

2.5.4　测试需求的评审

测试需求的评审是质量保证的必需步骤,通过评审可保证测试需求获得相关人员的认可，做到有据可依。测试需求评审的内容包括完整性审查和准确性审查。

完整性审查是检查测试需求是否覆盖了所有的软件需求以及软件需求的各项特征,关注功能要求、数据定义、接口定义、性能要求、安全性要求、可靠性要求、系统约束、行业标准等,同时要关注系统隐含的用户需求。准确性审查是检查测试需求是否清晰、没有歧义、描述准确,是否能获得评审各方的一致理解,每一项测试需求是否都可以作为设计测试用例的依据。

测试需求评审可以采取正式的小组会议形式,需要在评审之前确定好参会人员的各个角色和相关的责任,确保评审之前参会人员已经拿到了评审材料并有了足够的了解,评审结束时以签名及会议纪要的方式把评审结果通知相关单位及人员。测试需求评审还可以采取非正式的走查和轮查形式,将需要评审的内容发给相关人员,收集他们的意见,并把统一意见修改确立后的测试需求再发给相关评审人员进行确认。

大型的重要项目可能还会采取正式审查方式进行评审,包括制订评审计划、组织会议、会后跟踪分析审查结果等。参与测试需求评审的人员至少要包括项目经理、开发负责人、测试负责人、系统分析人员、相关开发和测试人员。测试需求评审通过以后,才可以根据测试需求来制订测试计划及编写测试用例。

2.6　制订测试计划

在完成了分析和测试软件需求之后,就要着手制订测试计划。制订测试计划时,需要首先考虑以下问题：

（1）测试范围。由于软件是无法被完全测试的,所以对于被测试软件,要判断哪些功能、特性需要被测试。

（2）测试方法。对于不同的系统,需要采用不同的测试方法,另外,在有些时候,可能并不进行某些类型的测试。

（3）测试标准。在开发的每个阶段,都需要对该阶段完成的软件版本定义测试标准,不同阶段的版本的测试标准是不一样的。例如,给用户进行演示以获取更多反馈的版本,和最后提交给客户的版本,其质量要求肯定是不一样的。另外,测试本身也具有一个规范的流程和循序渐进的过程,只有完成了一个阶段的测试,才能开始下一个阶段的测试,这样,就需要为每个阶段在哪些情况下可以开始、哪些情况下可以结束进行定义。

（4）自动化测试工具的选择。在进行一些项目的测试时,需要使用自动化测试工具。在制订测试计划时,需要判断是否使用自动化测试工具、使用哪些自动化测试工具。

（5）测试软件的编写。测试软件包括几种类型：自动化测试软件、仿真软件和运行环境软件。在进行一些项目的测试时,需要组织编写这些软件。

（6）与项目相关的一些特殊的考虑。在很多项目中，会面临一些相关的特殊情况，例如，由于项目进度很紧张，需要程序员在白天工作，测试员在晚上工作。

在制订测试计划时，一般会考虑上述几方面，但在很多时候，这些可能是并行进行的。例如，在考虑测试方法时，就考虑到部分测试可能需要自行编写测试软件来进行，此时这个软件的开发工作可能会立即开始。

2.6.1　确定测试范围

在进行软件测试之前，需要分析产品的需求文档来决定哪些功能需要被测试，而且必须考虑一些文档之外的过程，如产品的安装、升级测试、可用性测试，以及在客户环境中和其他设备的协同性测试。

完全覆盖的软件测试是不可能实现的，所以需要确定测试范围。例如，设计开发Windows 附件中的计算器软件，如果要完全测试其中两个整数相加的功能，就需要把所有可能的组合都测试一次，而这个组合有 $2\times10^{32}\times2\times10^{32}$ 个。对于这么庞大的一个计算量，实际是不可能实现这样的完全测试的。而两个整数相加仅仅是计算器中的一个小功能，简单的计算器软件尚且如此，更何况一些比较复杂的软件系统，想要对其进行完全测试，是根本不可能实现的。

还存在如下比较典型的情况，使得我们可以事先确定一个必需的测试范围而不是测试所有的内容：

（1）某些阶段的测试或者某些内容的测试可以简化。有时，在对旧版本的软件进行更新时，是在旧版本的基础上进行新版本的开发的，在旧版本中，有些软件模块已经被进行过很多次单元测试，证明这个模块是足够坚固的，在新版本的开发中就不会对这个模块再进行单元测试了。

（2）当对原有系统进行修改升级时，某些测试不需要。例如，为某个软件添加打印预览功能，这时文件打开和保存的功能就不需要进行很多测试。当然在这种情况下，需要慎重选择哪些部分会受到新功能的影响——需要测试，以及哪些不会受到影响——不需要过多地测试。

（3）某些测试根本不可能进行。例如，游戏公司开发了某个游戏的新功能，根本不可能让所有的游戏用户在某个时间段去试用，而只能采取一些模拟的手段进行测试。

由于不可能测试所有内容，所以决定要测试什么变得非常重要。如果测试过度，意味着在测试覆盖中存在大量冗余，会花费大量时间，如果测试范围过小，就存在遗漏缺陷的风险。确定测试范围就是在测试时间、测试费用和质量风险之间寻找平衡的过程，期望花费更少的时间和费用，就必然承担更大的质量风险，找到两者之间的平衡，需要经验以及评价成功测试的标准。

在确定测试范围时，可以结合需要被测试的软件，考虑下列一些因素：

（1）首先测试最高优先级的需求。假如需求分析中对用户的需求的优先级做了定义，那么可以选择对用户最重要的需求进行测试。

（2）测试新功能代码或者改进旧功能。对一个产品的初始版本，所有的内容都是新的，但对于产品的升级或维护版本，测试则集中在新的代码上。在实际操作过程中，改动过的代码有时也会影响那些没有改动过的代码的运行，所以代码改动后最好尽可能进行回归测试来测试所有的程序功能。

（3）使用等价类划分来缩小测试范围。例如，上面提到的计算器软件，可以认为两个3位的正数相加是一个等价类。

（4）重点测试经常出现问题的地方。在软件中，如果某个代码模块、功能模块出现过多问题，那么它就有可能还有更多的问题，需要重点测试。

为了有效缩小测试范围，可以建立一份提问单，基于这份提问单，可以找到最需要测试的内容。表 2-1 就是一份简单的测试提问单。

表 2-1　测试提问单

问题	回答
哪些功能是软件的特色？	
哪些功能是用户最常用的？	
如果系统可以分块销售，那么哪些功能模块在销售时价钱最昂贵？	
哪些功能出错将导致用户不满意或索赔？	
哪些程序是最复杂、最容易出错的？	
哪些程序是相对独立应当提前测试的？	
哪些程序最容易扩散错误？	
哪些程序是全系统的性能瓶颈所在？	
哪些程序是开发者最没有信心的？	

测试范围的确定不仅是由测试人员决定的，需求分析人员、设计人员、程序开发人员、市场销售人员、公司工程管理人员、客户都有可能参与这个过程。在测试的过程中，测试的范围也不一定是一成不变的，例如，客户突然要求提前使用产品，这时就必须调整测试范围。

2.6.2　选择测试方法

在不同的开发阶段，需要采用不同的测试方法。下面以瀑布式生命周期模型为例，介绍不同阶段选择不同的测试方法。

（1）需求分析阶段。被测试的对象主要是需求文档，这时以静态的方式进行测试。

（2）概要设计与详细设计阶段。需要完成结构设计和详细设计文档，与需求分析阶段类似，也是用静态的方式进行测试，只是在实际软件开发过程中，测试人员往往不对概要设计和详细设计进行测试。

（3）编码和单元测试阶段。在编码阶段，往往是采用代码走查等静态测试方式，或利用 JUnit 等单元测试工具进行白盒测试。

（4）集成测试阶段。主要采用一些动态的测试技术。

（5）系统测试阶段。和集成测试阶段类似，也是采用一些动态测试技术如黑盒测试方法。但在此阶段，重点会放在压力测试、负载测试、安全性测试、升级测试、可用性测试等方面。

（6）验收测试阶段。用户一般需要加入本阶段的过程，有时甚至完全由用户进行测试。该阶段的测试，完全采用黑盒测试技术。

在哪个阶段选择哪种测试方法，并没有严格规定，需要测试人员根据项目实际情况来决定。在选择测试方法时，参加到这项工作的测试人员应具备各种测试方法的知识，了解软件需求，了解该软件所需要达到的质量标准。

2.6.3　确定测试标准

在选择好测试方法后，就需要确定测试标准。软件测试是按照事先定义的流程来进行的，从一个步骤进入下一个步骤，需要根据一定的标准判断是否可以进入下一个环节。定义测试标准的目的是制定测试过程中需要遵守的规则，测试标准实际上也是软件的质量标准之一。

在制订测试计划时就需要着手制定测试标准，如果测试工作开始时没有确定测试标准，测试时就没有良好的评价依据。例如，开发人员在递交测试人员进行集成测试和系统测试前，必须完成单元测试，并且在单元测试后系统必须达到一定的质量标准，才能开始进行集成测试和系统测试。

在制订测试计划阶段，一般需要明确的测试标准，如测试入口标准、测试暂停与继续标准、测试出口标准。

1. 测试入口标准

测试入口标准是指在进行某个阶段的测试时，需要具备什么样的前提条件。如果上午刚编写完程序，并没有对其进行单元测试，直接做集成测试是不现实的，只会无端消耗测试人员的时间。

不同的公司、不同的项目、不同的测试阶段制定出来的入口标准是不同的，需要测试人员根据实际情况，集合项目组其他成员制定入口标准，这些标准往往包括需要准备的文档和软件需要达到的质量。以系统测试阶段为例，在开始进行系统测试之前，需要完成的工作有：完整的软件包，包括软件的安装光盘和相应的手册；系统测试计划和所使用的测试案例；测试数据；所需的测试环境；软件已经通过集成测试。在实际的项目中，会根据以上几点进行详细的定义，这些定义就形成了系统测试的入口标准。

2. 测试暂停与继续标准

测试暂停标准是指在测试过程中有可能因为一些因素而意外暂停，在什么情况下需要测试工作暂时停止就是暂停标准。暂停的发生往往是由软件的质量问题导致的，例如，在进行集成测试时，可以建立这样的标准：当测试人员在一个测试工作日发现缺陷的数量超过 50 个时，停止集成测试，由开发人员重新进行单元测试。

另外，有很多其他因素也会导致测试工作的暂停，如测试环境未能准备好、测试工具未能准备好、未能完成人员培训、发现缺陷数量过少等。发现缺陷数量很多，这往往是编码的质量太差而导致的；发现缺陷数量过少，有可能是编码质量很高，也有可能由于测试用例不完善导致不能发现代码中的错误，或由于测试人员不熟悉被测软件所处的行业领域问题而不能发现代码中的错误。这时，需要测试人员暂时停止测试，寻找问题发生的原因。

测试继续标准和测试暂停标准是对应的，在测试暂停标准中，列出了在什么情况下，测试将会暂停，而测试继续标准列出了在问题被解决或能够有方法确认被解决之后，测试可以继续进行。

3. 测试出口标准

测试出口标准指的是在什么情况下可以结束某个阶段的测试。与测试入口标准相似，不同的公司、不同的项目、不同的测试阶段所制定的出口标准是不同的。以系统测试阶段为例，测试的入口标准定义了系统测试计划和所使用的测试案例，在测试的出口标准中就会定义所有测试案例都应被执行，并且未能通过的测试案例应该小于某个数值。值得注意的是，一个阶段的出口标准和另一个阶段的出口标准是不同的，要想进入下一个阶段进行测试，首先要达到上一个阶段的测试出口标准，并给下一个阶段的测试做必要的准备。例如，并不是完成集成测试就可以开始系统测试，除了完成集成测试外，还需要准备审查系统测试的测试计划、测试案例等，然后才可以开始进行系统测试。

零缺陷的软件是不存在的，只要进行测试，就会不断地发现问题。显然，测试不可能一直进行下去，所以当软件达到一定的质量标准后，就可以通过该阶段的测试。那么，某个阶段的测试什么时候可以结束呢？以下是三种比较实用的规则：

（1）基于测试用例的规则。基于测试用例的规则首先应该构造测试用例，如果测试用例的不通过率达到 20%，则停止测试，待开发人员修正软件后再进行测试。如果软件的功能测试用例的通过率达到 100%，非功能性测试用例的通过率达到 90%，那么允许正常结束测试。该规则的优点是适用于所有的测试阶段，缺点是太依赖测试用例，如果测试用例设计得非常差，那么该规则的作用就不大了。

（2）基于"测试期缺陷密度"的规则。如果把测试每小时发现的缺陷数称为"测试期缺陷密度"，那么就可以绘制出"测试时间-缺陷数"的关系图，缺陷达到一定密度停止测试。

（3）基于"运行期缺陷密度"的规则。把软件运行每小时发现的缺陷数称为"运行期缺陷密度"，可以绘制出"运行时间-缺陷数"的关系图，在相邻的 n 小时"运行期缺陷密度"都小于某个值 m 时，允许正常结束测试，该规则适用于验收测试阶段。

系统测试虽然是测试的最后一个阶段，但系统测试的出口标准并不是软件的发布标准，实际的项目开发中，除了要完成系统测试外，还需要有一些必要的工作才能进行软件发布，而且软件的发布是由项目经理或公司高层来决定的，软件达到系统测试出口标准，只是其中一个参考因素。

一般的软件产品都有其发布的质量标准，这个标准往往不是"零错误"的，而是规定：灾难级缺陷不允许存在；严重级缺陷不允许存在；重要级缺陷不允许存在；一般级缺陷数量小于 5；次要级缺陷数量小于 10。在为用户开发系统所签的合约中，对存在缺陷的数量也有明确的约束。

2.6.4　自动化测试工具的选择

在测试过程中，单纯使用手工测试几乎不能完成测试工作，使用自动化测试工具可以大大提高测试效率。在制订测试计划时，就应明确是否使用自动化测试工具。如果使用，需要确定在哪个阶段使用什么样的测试工具。

使用测试工具的优点有以下四个方面：

（1）能够很好地进行性能测试和压力测试。在很多软件进行性能测试和压力测试时，单纯的手工测试往往不能完成任务。

（2）能够改进回归测试。当测试人员测试完系统，将软件的测试报告发送给编程人员后，编程人员将会根据测试报告中所指出的错误进行修改，完成系统错误的修复工作再次进行测试时，首先应执行相应的测试用例，验证以前发现的错误是否已被修复，那么其他测试用例是否需要被运行呢？答案是需要，这就是回归测试，之所以要这样做，主要是因为编程人员在修复了发现的错误时，很可能会制造新的错误。回归测试需要大量的时间，所以测试人员并不能对修改后的每个新版本都进行回归测试，但在自动化测试工具的帮助下，可以更加迅速地执行测试用例，更多地执行回归测试。

（3）能够缩短测试周期。自动化测试工具执行一个测试用例所耗费的时间，要比人工操作减少很多。只是，编写能够被自动化测试工具识别的测试用例、测试脚本也是需要时间的。

（4）能够提高测试工作的可重复性。测试工作本身也可能会发生错误，测试人员在进行人工测试时，每次不一定使用同样的方式、同样的步骤来操作，而自动化测试工具可以保证在每次测试的时候都是完全按照同样的方式进行的。有些测试人员在使用自动化测试工具时往往会认为自动化测试工具是无所不能的，因此在制订测试计划阶段，会把过多的精力投入选择、学习使用自动化测试工具上，最终反而没有找到合适的测试工具。过多地依赖自动化测试工具，反而会使测试工具的优势不能很好地发挥出来，影响测试工作的进行和测试的质量。

2.6.5　测试软件的编写

如果选择不到合适的自动化测试工具，就需要人工编写相应的测试软件。有时所开发的软件是一个组件或一个模块，就需要编写相应的测试软件对该组件或模块进行测试。例如，某个表格控件，对其进行测试就比较烦琐，需要用不同的语言编写测试软件，如 VB、VC++、C++ Builder；需要假设编程流程和习惯，并在这个基础上编写测试软件。

如果软件中某个部分需要自行编写测试软件来完成测试，就需要在制订测试计划阶段对此进行规划。测试软件有时由程序开发人员来编写，有时也可以由测试人员来编写，这要根据软件开发公司的人员技术能力状况来决定。

2.6.6　合理减少测试的工作量

花费更多的精力在测试上，就意味着需要更多的项目费用，没有哪个商业公司愿意做这样的决定。因此，作为测试人员，需要注意如何合理地减少测试工作量，如合理地缩小测试范围。

一些大型的软件系统，要么是国家投入，要么是商业运作涉及重大财产。这类软件系统的质量重于"泰山"，所以对测试的要求非常严格，有时对测试的投入要远远高于对设计和编程的投入，这样的系统毕竟是少数。常见的软件，开发商对测试的投入都是有限度的，如果测试的花费过高，导致开发软件的利润很少甚至赔本，没有哪家软件开发公司愿意做这样的事情，所以有效地降低软件测试费用是企业普遍关心的问题。降低软件测试费用常用的方法有两种。

1. 减少冗余和无价值测试

这种方法精简了测试工作，不会影响软件的质量。例如，白盒测试和黑盒测试方法虽然不同，但也有相似之处，在很多地方，白盒测试和黑盒测试会产生相同的效果，这种测试是多余的。一般来说，白盒测试要编写测试驱动程序、逐步跟踪源程序，比黑盒测试烦琐，如果能发现白盒测试的冗余，就能在很大程度上降低成本。在集成测试和系统测试阶段，可能也需要执行多次回归测试，每次回归测试都存在不少的冗余，应该设法找到不必要的重复测试工作。

2. 减少测试阶段

假如不做单元测试和集成测试，仅做一次系统测试，但是这样不能保证软件的质量，看似降低了测试代价，实际上代价并没有降低，而是转移了，后续软件维护的代价会大大增加。

2.6.7　测试计划的实施

合理的测试计划有助于测试工作顺利有序地进行，因此要求在对软件进行测试之前所做的测试计划中，应该结合多种针对性强的测试方法，列出所有可使用的资源，建立正确的测试目标，本着严谨、准确的原则，周到细致地做好测试前期的准备工作，避免测试的随意性。特别是要科学合理地安排测试时间，留出一定的机动时间，以防意外情况发生时测试时间不够用，致使很多测试工作不能正常进行。

在整个软件开发过程中，软件测试工作可能要花费整个项目成本的一半。从项目预算和时间进度安排的角度来看,测试计划和测试工作量估计的有效性对整个测试工作的成败起关键性的作用。图 2-3 是一个测试计划活动图,测试计划活动的产品就是测试计划,可以是一份文档,由测试团队、开发团队和项目管理层进行复查。

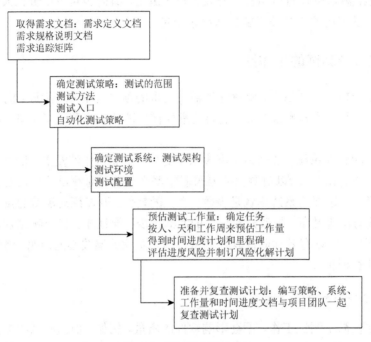

图 2-3 测试计划活动图

2.6.8 编写系统测试计划文档

测试计划是描述软件测试努力的目标、范围、方法和焦点的文档。完整的文档有助于测试组之外的人理解为什么要进行软件正确性检测以及如何进行检测。测试计划应当足够完整,但也不需要太过详细。下面是一些可能包含在测试计划中的内容。

(1)标题。

(2)确定软件的版本号。

(3)修订文档历史(包括作者、日期和批示)。

(4)目录表。

(5)文档的目的和适合的读者群。

(6)测试的目的。

(7)软件产品概述。

(8)相关文档列表(如需求、设计文档、其他测试计划等)。

(9)相关的标准或合法需求。

(10)相关的命名规范和标识符规范。

(11)整个软件项目组织和人员/联系信息/责任。

（12）假设和依赖关系。

（13）项目风险信息。

（14）测试优先级和焦点。

（15）测试范围和限制。

（16）测试提纲（就是对测试过程的一个分解，包括测试类型、特点、功能性、过程、系统、模块等）。

（17）测试环境设置和配置问题。

（18）数据库设置需求。

（19）概述系统日志/错误日志/其他性能。

（20）有助于测试者跟踪问题根源的具体软硬件工具的论述。

（21）使用的测试工具（包括版本、补丁等）。

（22）使用的项目测试度量。

（23）报告需求和测试可传递性。

（24）软件入口和出口准则。

（25）初始的理性测试阶段和标准。

（26）测试终止和重新开始的标准。

（27）人员安排。

（28）测试地点。

（29）用到的测试外的组织（它们的目的、责任、可传递性、联系人和协作问题）。

（30）相关的财产、分类、安全性和许可证问题。

（31）附录（包括词汇表、缩略语等）。

测试计划编写完毕后应当请有关人员（如项目经理）对其进行审批。表 2-2 为测试计划审批表示例。在不同公司，不同测试计划的审批者会有所差别。

表 2-2　测试计划审批表

主要审查项	结论
测试范围与目标明确吗？	
测试的方法合理吗？	
测试环境具有代表性吗？	
测试工具有效吗？	
测试的开始与结束准则合理吗？	
应递交的文档充分吗？时间合理吗？	
人员组织合理吗？职责明确吗？	
任务分配合理吗？进度安排合理吗？	

审批意见：
　　签名：
　　日期：

2.7　测试进度管理

一个项目要取得成功，其核心就是两点，即按时完成和达到质量标准。进度管理可以保证项目按时完成，控制项目的成本。从管理角度看，控制进度是控制成本、保证项目成功最有效的途径之一。

进度管理是一门艺术，是一个追求动态平衡的管理过程，在保证质量的前提下，通过一系列方法来督促项目的进展，确保各个任务按时完成，最终达到目标。

2.7.1　测试结束标准

测试不能穷尽，在一定程度上反映了测试没有结束的时间。测试什么时候可以结束、测试阶段何时告一段落，是测试管理中的难题。为了解决这一问题，一定要清楚定义测试结束的标准、测试阶段进/出口要求，密切监控测试覆盖率和缺陷的状态，综合各方面因素做出判断。从一般意义看，测试结束的标准可定义如下：

（1）所有计划的测试都已完成。

（2）测试的覆盖率达到要求（可以借助工具度量代码行/块、分支/条件的覆盖率）。

（3）缺陷逐渐减少，直至有一段时间（一周左右）没有发现任何严重缺陷。

（4）所有严重缺陷已被修正，并得到验证。

（5）没有任何不清楚、不确定的问题。

测试受前期工作影响较大，由于需求变化而导致设计或编程工作拖延，往往会挤掉测试的执行时间，使测试工作陷于被动。因此，在进行测试进度管理中，要加强前期工作的进度管理，和开发人员保持密切联系，发现问题及时提出来，督促和影响开发人员的设计与编程工作的进度。

2.7.2　进度管理方法

进度管理方法可以采用测试进度 S 曲线法和缺陷跟踪曲线法。任何一项工作，最开始总是很容易看到进度，如盖房子，从无到有，变化是很明显的。可是越到后来，它的进度越来越不明显。软件测试也是如此，开始测试时，缺陷发现率比较高，随着测试时间增加，缺陷发现的速率会降低。当缺陷越来越难发现时，预示着测试进入尾声。而所有这些变化都在累积缺陷曲线上表现出来，所以可以通过累积缺陷曲线来管理测试进度。而测试进度 S 曲线法主要是将实际的进度和计划的进度进行比较来发现问题，而考查数据是测试用例或测试点的数量。事先，将计划的工作进度输入系统中形成曲线，然后每日或每周记录实际的进度。如果发现它们之间的差距较大，就需要进一步调查，找出问题的根源并予以纠正，如人力是否足够、测试用例之间是否存在相关性等，从而使实际进度和计划进度总体上保持一致来控制测试进度。一般而言，在计算或者尝试数与实际执行数之间存在 15%～20% 的偏差时，就需要启动应急行动来弥补失去的时间（进度）。图 2-4 所示是一个全程跟踪测试进度 S 曲线示例。

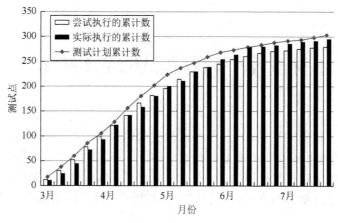

图 2-4　测试进度 S 曲线示例

小　　结

本章重点介绍了如何制订测试计划以及如何对进度项目进行管理。在制订测试计划时，需要把握这样几个重点内容：测试策略、定义和建立测试环境、管理测试过程、编写测试文档、测试进度管理。

作为初学者，可能并不需要有管理测试工作的能力，但只有先建立这样的意识，才有可能逐步成长为优秀的测试人员。

习　　题

1. 制订软件测试计划的目标有哪些？

2. 制订测试计划的原则是什么？

3. 衡量一份好的测试计划书的标准有哪些？

4. 制订测试计划的主要步骤有哪些？如何确定测试范围？

5. 在制订测试计划时，应该和项目组的哪些成员交流？是否需要了解项目的整体计划？

6. 测试计划文档中的内容有哪些？

7. 只要搭建正确的测试环境，并且拥有足够的资源，就能够保证测试项目的成功，这种观点正确吗？

8. 既然事先制订了项目计划和规则，就要始终严格按照计划和规则办事，测试执行中是否果真如此？

9. 测试进度管理方法有哪些？

第3章 软件测试的基本技术

软件测试的方法多种多样，可以从不同角度加以分类：从是否需要执行被测软件的角度，分为静态测试和动态测试；从软件测试用例设计方法的角度，分为黑盒测试和白盒测试；从软件测试的策略和过程的角度，分为单元测试、集成测试、确认测试、系统测试和验收测试等。本章主要详细介绍静态测试、动态测试、黑盒测试和白盒测试。

3.1 静态测试和动态测试

3.1.1 静态测试

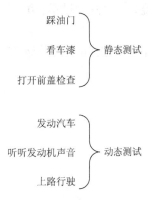

图 3-1 静态测试与动态
测试比喻图

根据程序是否运行可以把软件测试方法分为静态测试和动态测试两大类。图 3-1 是静态测试与动态测试的比喻图。

静态测试的主要特征是在用计算机测试源程序时，计算机并不真正运行被测程序，只对被测程序进行特性分析。因此，静态测试常称为"分析"，静态分析是对被测程序进行特性分析的一些方法的总称。静态分析，就是不需要执行所测试的程序，而只是通过扫描程序正文，对程序的数据流和控制流等信息进行分析，找出系统的缺陷，得出测试报告。

静态测试包括代码检查、静态结构分析、代码质量度量等，它可以由人工进行，充分发挥人的逻辑思维优势，也可以借助软件工具自动进行。

通常在静态测试阶段进行以下测试活动：

（1）检查算法的逻辑正确性，确定算法是否实现了所要求的功能。

（2）检查模块接口的正确性，确定形参的个数、数据类型、顺序是否正确，确定返回值类型及返回值的正确性。

（3）检查输入参数是否有合法性检查，如果没有合法性检查，则应确定该参数是否不需要合法性检查，否则应加上参数的合法性检查。

（4）检查调用其他模块的接口是否正确，检查实参类型、实参个数是否正确，返回值是否正确，若被调用模块出现异常或错误，程序是否有适当的出错处理代码。

（5）检查是否设置了适当的出错处理，以便在程序出错时，能对出错部分进行重新安排，保证其逻辑的正确性。

（6）检查表达式、语句是否正确，是否含有二义性，如下列表达式或运算符的优先级，即 <=、=、>=、&&、||、++、--等。

（7）检查常量或全局变量使用是否正确。

（8）检查标识符的使用是否规范、一致，变量命名是否能够望名知义、简洁、规范和易记。

（9）检查程序风格的一致性、规范性，代码是否符合行业规范，是否所有模块的代码风格一致、规范。

（10）检查代码是否可以优化，算法效率是否最高。

（11）检查代码注释是否完整，是否正确反映了代码的功能，并查找错误的注释。

静态分析的差错分析功能是编译程序所不能替代的。编译系统虽然能发现某些程序错误，但这些错误远非软件中存在的大部分错误。目前，已经开发了一些静态分析系统作为软件静态测试的工具。静态分析已被当成一种自动化的代码校验方法。

3.1.2　动态测试

动态测试是通过源程序运行时所体现出来的特征来进行执行跟踪、时间分析以及测试覆盖等方面的测试。动态测试是真正运行被测程序，在执行过程中，通过输入有效的测试用例，对其输入与输出的对应关系进行分析，以达到检测的目的。

动态测试方法的基本步骤如下：

（1）选取定义域的有效值，或选取定义域外的无效值。

（2）对已选取值决定预期的结果。

（3）用选取值执行程序。

（4）执行结果与预期的结果相比，不吻合则说明程序有错。

不同的测试方法各自的目标和侧重点不一样，在实际工作中要将静态测试和动态测试结合起来，以达到更加完美的效果。

3.2　黑　盒　测　试

3.2.1　黑盒测试概述

1. 黑盒测试的定义

黑盒测试又称功能测试、数据驱动测试和基于规格说明的测试，是一种从用户观点出发的测试，主要以软件规格说明书为依据，对程序功能和程序接口进行测试。

黑盒测试的基本观点是：任何程序都可以看成从输入定义域映射到输出值域的函数过程，被测程序被认为是一个打不开的黑盒子，人们完全不知道黑盒中的内容（实现过程），只明确程序要做到什么。黑盒测试作为软件功能的测试手段，是重要的测试方法，它主要根据规格说明设计测试用例，并不涉及程序内部结构和内部特性，只依靠被测程序输入和输出之间的关系或程序的功能设计测试用例。

黑盒测试是以用户的观点，从输入数据与输出数据的对应关系出发进行测试的，它不涉及程序的内部结构。很明显，如果外部特性本身有问题或规格说明书的规定有误，那么用黑盒测试方法是发现不了的。黑盒测试方法着重测试软件的功能，是在程序接口上进行测试，主要是为了发现以下错误：

（1）是否有不正确的功能，是否有遗漏的功能。

（2）在接口上，是否能够正确地接收输入数据并产生正确的输出结果。

（3）是否有数据结构错误或外部信息访问错误。

（4）性能上是否能够满足要求。

（5）是否有程序初始化和终止方面的错误。

2. 黑盒测试的特点

黑盒测试有如下两个显著的特点：

（1）黑盒测试不考虑软件的具体实现过程，当软件在实现过程中发生变化时，测试用例仍然可以使用。

（2）黑盒测试用例的设计可以和软件实现同时进行，这样能够缩短总的程序开发时间。

黑盒测试不仅能够找到大多数其他测试方法无法发现的错误，而且一些外购软件、参数化软件包以及某些自动生成的软件，由于无法得到源程序，在一些情况下只能选择黑盒测试。

3. 黑盒测试的基本方法

黑盒测试有两种基本方法，即通过测试和失败测试。

在进行通过测试时，实际上是确认软件能做什么，而不会去考验其能力如何，软件测试人员只是运用最简单、最直观的测试案例，在设计和执行测试案例时，总是先要进行通过测试，验证软件的基本功能是否都已实现。

在确定软件正确运行之后，就可以采取各种手段通过搞垮软件来找出缺陷，纯粹是为了破坏软件而设计和执行测试案例，这种测试称为失败测试或迫使出错测试。

黑盒测试的具体技术方法主要包括等价类划分法、边界值分析法、决策表法、因果图法等。这些方法是比较实用的，在设计具体的测试方案时要针对开发项目的特点选择适当的测试方法。

3.2.2 等价类划分法

1. 等价类划分法概述

等价类划分法是黑盒测试用例设计中一种常用的设计方法，它将不能穷举的测试过程进行合理分类，从而保证设计出来的测试用例具有完整性和代表性。

等价类划分法是把所有可能的输入数据，即程序的输入域划分成若干部分（子集），然后从每一个子集中选取少数具有代表性的数据作为测试用例。等价类是指输入域的某个子集，所有等价类的并集就是整个输入域，在等价类中，各个输入数据对于揭露程序中的错误都是等效的，它们具有等价特性。因此，测试某个等价类的代表值就等价于对这一类中其他值进行测试。也就是说，如果某一类中的一个例子发现了错误，这一等价类中的其他例子也存在同样的错误；反之，如果某一类中的一个例子没有发现错误，则这一类中的其他例子也不会查出错误。

　　软件不能只接收合理有效的数据，也要具有处理异常数据的功能，这样的测试才能确保软件具有更高的可靠性。因此，在划分等价类的过程中，不但要考虑有效等价类划分，同时要考虑无效等价类划分。

　　有效等价类是指对软件规格说明来说，合理而有意义的输入数据所构成的集合。利用有效等价类可以检验程序是否满足规格说明所规定的功能和性能。无效等价类和有效等价类相反，即不满足程序输入要求或者无效的输入数据所构成的集合。利用无效等价类可以检验程序异常情况的处理。

　　使用等价类划分法设计测试用例，首先必须在分析需求规格说明的基础上划分等价类，然后列出等价类表。

　　在确立了等价类之后，建立等价类表，列出所有划分出的等价类，如表 3-1 所示。

表 3-1　等价类表

输入条件	有效等价类	无效等价类
...	...	...
...	...	...

再根据已列出的等价类表，按以下步骤确定测试用例：

　　（1）为每一个等价类规定一个唯一的编号。

　　（2）设计一个新的测试用例，使其尽可能多地覆盖尚未被覆盖的有效等价类，重复这个过程，直至所有有效等价类均被测试用例覆盖。

　　（3）设计一个新的测试用例，使其仅覆盖一个无效等价类，重复这个过程，直至所有无效等价类均被测试用例覆盖。

　　以三角形问题为例，输入条件是：三个数分别作为三角形的三条边，都是整数，取值范围为 1～100。认真分析上述输入条件，可以得出相关的等价类表（包括有效等价类和无效等价类），如表 3-2 所示。

表 3-2　三角形问题的等价类表

输入条件	有效等价类编号	有效等价类	无效等价类编号	无效等价类
三个数	1	三个数	4	只有一条边
			5	只有两条边
			6	多于三条边
整数	2	整数	7	一边为非整数
			8	两边为非整数
			9	三边为非整数

输入条件	有效等价类编号	有效等价类	无效等价类编号	无效等价类
取值范围为1~100	3	$1 \leqslant a \leqslant 100$ $1 \leqslant b \leqslant 100$ $1 \leqslant c \leqslant 100$	10	一边为0
			11	两边为0
			12	三边为0
			13	一边小于0
			14	两边小于0
			15	三边小于0
			16	一边大于100
			17	两边大于100
			18	三边大于100

2. 常见等价类划分的形式

针对是否对无效数据进行测试,可以将等价类测试分为标准等价类测试、健壮等价类测试以及对等区间划分。

1)标准等价类测试

标准等价类测试不考虑无效数据值,测试用例使用每个等价类中的一个值。通常,标准等价类测试用例的数量和最大等价类中元素的数目相等。

以三角形问题为例,要求输入三个整数 a、b、c,分别作为三角形的三条边,取值范围为1~100,判断由三条边构成的三角形类型为等边三角形、等腰三角形、一般三角形(包括直角三角形)以及非三角形。多数情况下是从输入域划分等价类,但对于三角形问题,从值域来定义等价类是最简单的划分方法。

因此,利用这些信息可以确定下列四个值域等价类:

$R_1 = \{<a, b, c>:$ 边为 a, b, c 的等边三角形$\}$;

$R_2 = \{<a, b, c>:$ 边为 a, b, c 的等腰三角形$\}$;

$R_3 = \{<a, b, c>:$ 边为 a, b, c 的一般三角形$\}$;

$R_4 = \{<a, b, c>:$ 边为 a, b, c 不构成三角形$\}$。

四个标准等价类测试用例如表3-3所示。

表3-3 三角形问题的标准等价类测试用例

测试用例	a	b	c	预期输出
Test Case 1	10	10	10	等边三角形
Test Case 2	10	10	5	等腰三角形
Test Case 3	3	4	5	一般三角形
Test Case 4	1	1	5	不构成三角形

2）健壮等价类测试

健壮等价类测试的主要出发点是考虑了无效等价类。对有效输入，测试用例从每个有效等价类中取一个值；对无效输入，一个测试用例有一个无效值，其他值均取有效值。

3）对等区间划分

对等区间划分是测试用例设计的非常形式化的方法，它将被测对象的输入/输出划分成一些区间，被测软件对一个特定区间的任何值都是等价的。形成测试区间的数据不只是函数/过程的参数，也可以是程序可以访问的全局变量、系统资源等，这些变量或资源可以是以时间形式存在的数据，或以状态形式存在的输入/输出序列。

对等区间划分假定位于单个区间的所有值对测试都是对等的,应为每个区间的一个值设计一个测试用例。举例说明如下：平方根函数要求当输入值为 0 或大于 0 时，返回输入数的平方根；当输入值小于 0 时，显示错误信息"平方根错误，输入值小于 0"，并返回 0。考虑平方根函数的测试用例区间，可以划分出两个输入区间和两个输出区间，如表 3-4 所示。

表 3-4　平方根函数的区间划分

输入区间		输出区间	
i	<0	A	Error
ii	$\geqslant 0$	B	$\geqslant 0$

通过分析，可以用两个测试用例来测试四个区间。

测试用例 1：输入 4，返回 2（区间 ii 和 B）。

测试用例 2：输入 –4，返回 0，输出"平方根错误，输入值小于 0"（区间 i 和 A）。

此例的对等区间划分是非常简单的。软件越复杂，对等区间的确定就越难，区间之间的相互依赖性就越强，使用对等区间划分设计测试用例技术的难度越大。

3.2.3　边界值分析法

1. 边界值分析法概述

边界值分析（boundary value analysis，BVA）法是一种补充等价类划分法的测试用例设计技术，它不是选择等价类的任意元素，而是选择等价类边界的测试用例。在测试过程中,可能会忽略边界值的条件，而软件设计中大量的错误发生在输入或输出范围的边界上，而不是发生在输入或输出范围的内部。因此，针对各种边界情况设计测试用例，可以查出更多的错误，在实际的软件设计过程中，会涉及大量的边界值条件和过程。这里有一个简单的 VB 程序例子：

```
Dim data(10) as Integer
Dim i as Integer
For i=1 to 10
```

```
data(i)=1
Next i
```

在这个程序中，目标是创建一个拥有 10 个元素的一维数组。看似合理，但是在大多数 Basic 语言中，当一个数组被定义时，其第一个元素所对应的数组下标是 0 而不是 1。由此，上述程序运行结束后，数组中成员的赋值情况如下：

data(0) = 0，data(1) = 1，data(2) = 1，…，data(10) = 1

这时，如果其他程序员在使用这个数组时，可能会造成软件的缺陷或者错误的产生。

使用边界值分析法设计测试用例，首先应确定边界情况。通常输入和输出等价类的边界，就是应着重测试的边界情况，应当选取正好等于、刚刚大于或刚刚小于边界的值作为测试数据，而不是选取等价类中的典型值或任意值作为测试数据。

在应用边界值分析法设计测试用例时，应遵循以下原则：

（1）如果输入条件规定了值的范围，则应该选取刚达到这个范围的边界值，以及刚刚超过这个范围边界的值作为测试输入数据。

（2）如果输入条件规定了值的个数，则用最大个数、最小个数、比最小个数少 1、比最大个数多 1 的数作为测试数据。

根据规格说明的每一个输出条件，分别使用以上两个原则。

（3）如果程序的规格说明给出的输入域或者输出域是有序集合（如有序表、顺序文件等），则应选取集合的第一个元素和最后一个元素作为测试用例。

（4）如果程序中使用了一个内部数据结构，则应当选择这个内部数据结构的边界值作为测试用例。

2. 边界条件与次边界条件

边界值分析法是对输入的边界值进行测试，在测试用例设计中，需要对输入的条件进行分析并且找出其中的边界值条件，通过对这些边界值的测试来查出更多的错误。提出边界条件时，一定要测试邻近边界的有效数据，测试最后一个可能有效的数据，同时测试刚超过边界的无效数据。通常情况下，软件测试所包含的边界检验有几种类型：数值、字符、位置、数量、速度、尺寸等，在设计测试用例时要考虑边界检验的类型特征有：第一个/最后一个、开始/完成、空/满、最大值/最小值、最快/最慢、最高/最低、最长/最短等，这些不是确定的列表，而是一些可能出现的边界条件。

在多数情况下，边界值条件是基于应用程序的功能设计而需要考虑的因素，可以从软件的规格说明或常识中得到，也是最终用户通常最容易发现问题的。然而，在测试用例设计过程中，某些边界值条件是不需要呈现给用户的，或者说用户很难注意到这些问题。但这些边界条件确实属于检验范畴内的边界条件，称为内部边界值条件或次边界值条件。

计算机是基于二进制进行工作的，因此任何数值运算都有一定的范围或值限制，如表 3-5 所示。

表 3-5　计算机数值运算的范围或值限制

项	范围或值
位（bit）	0 或 1
字节（byte）	0～255
字（word）	0～65、535（单字）或 0～4、294、967、295（双字）
千（K）	1 024
兆（M）	1 048 576
吉（G）	1 073 741 824
太（T）	1 099 511 627 776

例如，对字节进行检验，边界值条件可以设置成 254、255 和 256。在字符的编码方式中，ASCII 和 Unicode 是比较常见的编码方式。表 3-6 所示是一些简单的 ASCII 对应表。

表 3-6　字符的 ASCII 对应表

字符	ASCII 值	字符	ASCII 值
空（null）	0	A	65
空格（space）	32	a	97
斜杠（/）	47	左中括号（[）	91
0	48	z	122
冒号（:）	58	Z	90
@	64	开单引号（`）	96

3. 边界值分析法测试用例

以三角形问题为例，要求输入三个整数 a、b、c 分别作为三角形的三条边，取值范围的为 1～100，判断由三条边构成的三角形类型为等边三角形、等腰三角形（包括直角三角形）、一般三角形或非三角形。表 3-7 给出了边界值分析测试用例。

表 3-7　边界值分析测试用例

测试用例	a	b	c	预期输出
Test Case 1	1	50	50	等腰三角形
Test Case 2	2	50	50	等腰三角形
Test Case 3	50	50	50	等边三角形
Test Case 4	99	50	50	等腰三角形
Test Case 5	100	50	50	非三角形
Test Case 6	50	1	50	等腰三角形

测试用例	a	b	c	预期输出
Test Case 7	50	2	50	等腰三角形
Test Case 8	50	99	50	等腰三角形
Test Case 9	50	100	50	非三角形
Test Case 10	50	50	1	等腰三角形
Test Case 11	50	50	2	等腰三角形
Test Case 12	50	50	99	等腰三角形
Test Case 13	50	50	100	非三角形

3.2.4　决策表法

1. 决策表法概述

在所有的黑盒测试方法中，基于决策表（也称判定表）的测试是最为严格、最具有逻辑性的测试方法。决策表是分析和表达多个逻辑条件下执行不同操作情况的工具，由于决策表可以把复杂的逻辑关系和多种条件组合的情况表达得既具体又明确，因此在程序设计发展的初期，就已被当成编写程序的辅助工具。决策表通常由四个部分组成，如图 3-2 所示。

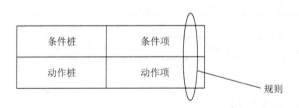

图 3-2　决策表的组成

条件桩：列出了问题的所有条件，通常认为列出的条件的先后次序无关紧要。

动作桩：列出了问题规定的可能采取的操作，这些操作的排列顺序没有约束。

条件项：针对条件桩给出的条件列出所有可能的取值。

动作项：与条件项紧密相关，列出在条件项的各组取值情况下应该采取的动作。

任何一个条件组合的特定取值及其相应要执行的操作称为一条规则，在决策表中贯穿条件项和动作项的一列就是一条规则。显然，决策表中列出多少组条件取值，也就有多少条规则，即条件项和动作项有多少列。根据软件规格说明，建立决策表的步骤如下：

（1）确定规则的个数。假如有 n 个条件，每个条件有两个取值，则有 $2n$ 种规则。

（2）列出所有的条件桩和动作桩。

（3）填入条件项。

（4）填入动作项，得到初始决策表。

（5）化简，合并相似规则（相同动作）。

以下述产品销售问题为例给出构造决策表的具体过程：

如果某产品销售好并且库存低，则增加该产品的生产；如果该产品销售好，但库存量不低，则继续生产；若该产品销售不好，但库存量低，则继续生产；若该产品销售不好，且库存量不低，则停止生产。

解法如下：

确定规则的个数。上述问题中有 2 个条件（销售、库存），每个条件可以有 2 个取值，故有 $2 \times 2 = 4$ 种规则。列出所有的条件桩和动作桩，填入条件项，填入动作项，得到初始决策表，如表 3-8 所示。

表 3-8　产品销售问题的决策表

选项		规则			
		1	2	3	4
条件	C_1：销售好？	T	T	F	F
	C_2：库存低？	T	F	T	F
动作	a_1：增加生产	√			
	a_2：继续生产		√	√	
	a_3：停止生产				√

每种测试方法都有其适用的范围。决策表法适用于下列情况：

（1）规格说明以决策表形式给出，或很容易转换成决策表。

（2）条件的排列顺序不会也不应影响执行哪些操作。

（3）规则的排列顺序不会也不应影响执行哪些操作。

（4）每当某一规则的条件已经满足，并确定要执行的操作后，不必检验其他规则。

（5）如果某一规则得到满足要执行多个操作，那么这些操作的执行顺序无关紧要。

2. 决策表法的应用

决策表最突出的优点是能够将复杂的问题按照各种可能的情况全部列举出来，简明并能避免遗漏，因此利用决策表能够设计出完整的测试用例集合。运用决策表设计测试用例，可以将条件理解为输入，将动作理解为输出。

以三角形问题为例，要求输入三个整数 a、b、c 分别作为三角形的三条边，取值范围均为 1～100，判断由三条边构成的三角形类型为等边三角形、等腰三角形、一般三角形或非三角形。

解法如下：

（1）确定规则的个数，例如，三角形问题的决策表有 4 个条件，每个条件可以取 2 个值（真值和假值），所以应该有 $2 \times 4 = 8$ 种规则。

（2）列出所有条件桩和动作桩。

（3）填写条件项。

（4）填写动作项，从而得到初始决策表，如表 3-9 所示。

表 3-9　三角形问题的初始决策表

选项		规则							
		1	2	3	4	5	6	7	8
条件	C_1: a、b、c 构成一个三角形?	F	F	F	F	F	F	F	F
	C_2: $a=b$?	T	T	T	T	F	F	F	F
	C_3: $b=c$?	T	T	F	F	T	T	F	F
	C_4: $a=c$?	T	F	T	F	T	F	T	F
动作	a_1: 非三角形	✓	✓	✓	✓	✓	✓	✓	✓
	a_2: 一般三角形								
	a_3: 等腰三角形								
	a_4: 等边三角形								
	a_5: 不可能								

选项		规则							
		9	10	11	12	13	14	15	16
条件	C_1: a、b、c 构成一个三角形?	T	T	T	T	T	T	T	T
	C_2: $a=b$?	T	T	T	T	F	F	F	F
	C_3: $b=c$?	T	T	F	F	T	T	F	F
	C_4: $a=c$?	T	F	T	F	T	F	T	F
动作	a_1: 非三角形								
	a_2: 一般三角形								✓
	a_3: 等腰三角形				✓		✓	✓	
	a_4: 等边三角形	✓							
	a_5: 不可能		✓	✓		✓			

（5）简化决策表，合并相似规则后得到三角形问题的简化决策表，如表 3-10 所示。

表 3-10　三角形问题的简化决策表

选项		规则							
		1～8	9	10	11	12	13	14	15	16
条件	C_1: a,b,c 构成一个三角形?	F	T	T	T	T	T	T	T	T
	C_2: $a=b$?	—	T	T	T	T	F	F	F	F
	C_3: $b=c$?	—	T	T	F	F	T	T	F	F
	C_4: $a=c$?	—	T	F	T	F	T	F	T	F
动作	a_1: 非三角形	✓								
	a_2: 一般三角形									✓
	a_3: 等腰三角形					✓		✓	✓	
	a_4: 等边三角形		✓							
	a_5: 不可能			✓	✓		✓			

根据决策表 3-10，可以设计测试用例，如表 3-11 所示。

表 3-11 三角形问题的决策表测试用例

测试用例	a	b	c	预期输出
Test Case 1	10	4	4	非三角形
Test Case 2	4	4	4	等边三角形
Test Case 3	3	1	5	不可能
Test Case 4	3	2	5	不可能
Test Case 5	4	4	5	等腰三角形
Test Case 6	3	1	1	不可能
Test Case 7	5	4	4	等腰三角形
Test Case 8	4	5	4	等腰三角形
Test Case 9	3	4	5	一般三角形

3.2.5 因果图法

等价类划分法和边界值分析法都着重考虑输入条件，而没有考虑输入条件的各种组合情况，也没有考虑各个输入条件之间的相互制约关系。因此，必须考虑采用一种适合于多种条件的组合，相应能产生多个动作的形式来进行测试用例的设计，这就需要采用因果图法。因果图法就是一种利用图解法分析输入的各种组合情况，从而设计测试用例的方法，它适合于检查程序输入条件的各种情况的组合。

在因果图中使用 4 种符号分别表示 4 种因果关系，如图 3-3 所示。用直线连接左右节点，其中左节点 C_i 表示输入状态（或称原因），右节点 e_i 表示输出状态（或称结果）。C_i 和 e_i 都可取值 0 或 1。0 表示某状态不出现，1 表示某状态出现。

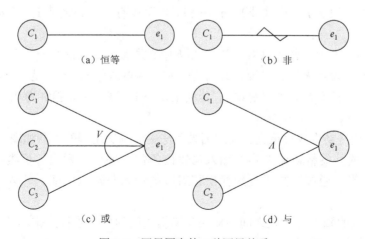

图 3-3 因果图中的 4 种因果关系

图 3-3 中各符号的含义如下。

图 3-3（a）：表示恒等。若 C_1 是 1，则 e_1 也是 1；若 C_1 是 0，则 e_1 也是 0。

图 3-3（b）：表示非。若 C_1 是 1，则 e_1 是 0；若 C_1 是 0，则 e_1 是 1。

图 3-3（c）：表示或。若 C_1、C_2 或 C_3 是 1，则 e_1 是 1；若 C_1、C_2、C_3 全是 0，则 e_1 是 0。

图 3-3（d）：表示与。若 C_1 和 C_2 都是 1，则 e_1 是 1；只要 C_1、C_2 中有一个为 0，则 e_1 是 0。

在实际问题中，输入状态相互之间还可能存在某些依赖关系，称为约束。例如，某些输入条件不可能同时出现，输出状态之间也往往存在约束。在因果图中，以特定的符号标明这些约束，如图 3-4 所示。

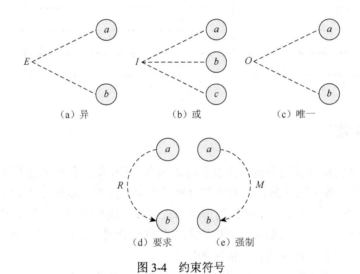

图 3-4　约束符号

图 3-4 中对输入条件的约束如下。

图 3-4（a）：表示 E 约束（异）。a 和 b 中最多有一个可能为 1，即 a 和 b 不能同时为 1。

图 3-4（b）：表示 I 约束（或）。a、b 和 c 中至少有一个必须是 1，即 a、b 和 c 不能同时为 0。

图 3-4（c）：表示 O 约束（唯一）。a 和 b 中必须有一个且仅有一个为 1。

图 3-4（d）：表示 R 约束（要求）。a 是 1 时，b 必须是 1，即 a 是 1 时，b 不能是 0。

图 3-4（e）：表示 M 约束（强制）。若结果 a 是 1，则结果 b 强制为 0。对输出条件的约束只有 M 约束。

因果图法最终要生成决策表。利用因果图法生成测试用例的步骤如图 3-5 所示。

（1）分析软件规格说明书中的输入与输出条件，并且分析出等价类，分析规格说明中语义的内容，通过这些语义来找出相对应的输入与输入之间、输入与输出之间的对应关系。

（2）将对应的输入与输入之间、输入与输出之间的关系连接起来，并且将其中不可能的组合情况标注成约束或者限制条件，形成因果图。

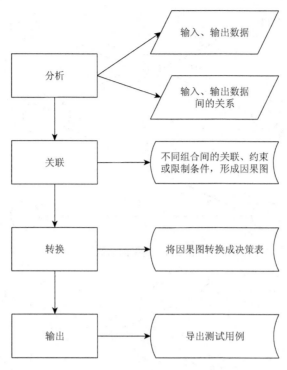

图 3-5　因果图法生成测试用例的步骤

（3）将因果图转换成决策表。

（4）将决策表的每一列作为依据，设计测试用例。

因果图生成的测试用例中包括了所有输入数据取真值和假值的情况，构成的测试用例数目达到最少，且测试用例数目随输入数据数目的增加而线性增加。

例如，某软件的规格说明中包含这样的要求：输入的第一个字符必须是 A 或 B，第二个字符必须是一个数字，在此情况下进行文件的修改；但如果第一个字符不正确，则给出信息 L；如果第二个字符不是数字，则给出信息 M。

解法如下：

分析程序的规格说明，列出原因和结果。

原因：C_1——第一个字符是 A；

　　　C_2——第一个字符是 B；

　　　C_3——第二个字符是一个数字。

结果：e_1——给出信息 L；

　　　e_2——修改文件；

　　　e_3——给出信息 M。

将原因和结果之间的因果关系用逻辑符号连接起来，得到因果图，如图 3-6 所示。编号为 11 的中间节点是导出结果的进一步原因。因为 C_1 和 C_2 不可能同时为 1，即第一个字符不可能既是 A 又是 B，所以在因果图上可对其施加 E 约束，得到具有约束的因果图，如图 3-7 所示。

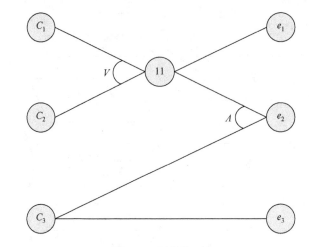

图 3-6　因果图示例

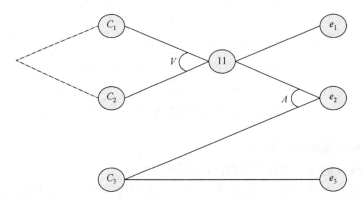

图 3-7　具有约束的因果图示例

将因果图转换成决策表，如表 3-12 所示。

表 3-12　决策表

选项		规则							
		1	2	3	4	5	6	7	8
条件	C_1	1	1	1	1	0	0	0	0
	C_2	1	1	0	0	1	1	0	0
	C_3	1	0	1	0	1	0	1	0
	11			1	1	1	1	0	0
动作	e_1			0	0	0	0	1	1
	e_2			1	0	1	0	0	0
	e_3			0	1	0	1	0	1
	不可能	1	1						
测试用例				A5	A#	B9	B?	X2	Y%

表 3-12 中的前两种情况，因为 C_1 和 C_2 不可能同时为 1，所以应排除这两种情况，根据此表，可以设计出 6 个测试用例，如表 3-13 所示。

表 3-13　测试用例

编号	输入数据	预期输出
Test Case 1	A5	修改文件
Test Case 2	A#	给出信息 M
Test Case 3	B9	修改文件
Test Case 4	B?	给出信息 M
Test Case 5	X2	给出信息 L
Test Case 6	Y%	给出信息 L 和信息 M

3.2.6　黑盒测试方法的优缺点及选择原则

1. 黑盒测试方法的优缺点

黑盒测试方法的优点：适用于各个测试阶段；从产品功能角度进行测试；容易入手生成测试数据。

黑盒测试方法的缺点：某些代码得不到测试；如果规则说明有误，则无法发现错误；不易进行充分的测试。

2. 选择黑盒测试方法的原则

为了最大限度地减少测试遗留的缺陷，同时为了最大限度地发现存在的缺陷，在测试实施之前，测试工程师必须确定将要采用的黑盒测试策略和方法，并以此为依据制订详细的测试方案。通常，一个好的测试策略和测试方法必将给整个测试工作带来事半功倍的效果。如何才能确定好的黑盒测试策略和测试方法呢？通常，在确定黑盒测试方法时，应该遵循以下原则：

（1）根据程序的重要性和一旦发生故障将造成的损失程度来确定测试等级和测试重点。

（2）认真选择测试策略，以便能尽可能少地使用测试用例，发现尽可能多的程序错误。因为一次完整的软件测试过后，如果程序中遗留的错误过多并且严重，则表明该次测试是不足的，而测试不足则意味着让用户承担隐藏错误带来的危险，但测试过度又会带来资源的浪费，因此测试需要找到一个平衡点。

（3）首先进行等价类划分，包括输入条件和输出条件的等价划分，将无限测试变成有限测试，这是减少工作量和提高测试效率最有效的方法。

（4）在任何情况下都必须使用边界值分析法，经验表明用这种方法设计出测试用例发现程序错误的能力最强。

（5）对照程序逻辑，检查已设计出的测试用例的逻辑覆盖程度，如果没有达到要求的覆盖标准，应当再补充足够的测试用例。

（6）如果程序的功能说明中含有输入条件的组合情况，那么应在一开始就选用因果图法。

3.3　白 盒 测 试

白盒测试也称为结构测试或逻辑驱动测试。它是知道产品的内部工作过程，可以通过测试来检测产品内部动作是否按照规格说明书的规定正常进行，按照程序内部的结构测试程序，检验程序中的每条通路是否都能按预定要求正确工作，而不顾它的功能。白盒测试的主要方法有逻辑覆盖测试、基本路径测试等，主要用于软件验证。

通常的逻辑覆盖有：

（1）语句覆盖。

（2）判断覆盖。

（3）条件覆盖。

（4）判断/条件覆盖。

（5）条件组合覆盖。

（6）路径覆盖。

语句覆盖是最常见也是最弱的逻辑覆盖准则，它要求设计若干个测试用例，使被测程序的每个语句都至少被执行一次。判断覆盖（又称为分支覆盖）则要求设计若干个测试用例，使被测程序的每个判定的真、假分支都至少被执行一次。但判定含有多个条件时，可以要求设计若干个测试用例，使被测程序的每个条件的真、假分支都至少被执行一次，即条件覆盖，在考虑对程序路径进行全面检验时，即可使用条件覆盖准则。

虽然白盒测试提供了评价测试的逻辑覆盖准则，但白盒测试是不完全的。如果程序结构本身存在问题，如程序逻辑错或者遗漏了规格说明书中已规定的功能，那么无论哪种白盒测试，即使其覆盖率达到了百分之百，也是检查不出来的。因此，提高白盒测试的覆盖率，可以增强对被测软件的信任度，但并不能做到万无一失。

3.3.1　逻辑覆盖测试

白盒测试技术的常见方法之一就是覆盖测试，它是利用程序的逻辑结构设计相应的测试用例。测试人员要深入了解被测程序的逻辑结构特点，完全掌握源代码的流程，才能设计出恰当的用例。

下面以一段简单的 C 语言程序，作为公共程序段来说明六种覆盖测试各自的特点。

```
if(x>100)&&(y>500) then
score=score+1
if(x≥=1000)||(z>5000) then
score=score+5
```

其程序控制流图如图 3-8 所示。图中 a、b、c、d、e 表示路径。

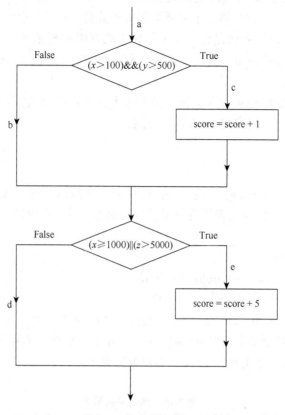

图 3-8　程序控制流程图

1. 语句覆盖测试

语句覆盖（statement coverage）测试是指设计若干个测试用例，使程序运行时每个可执行语句至少被执行一次，在保证完成要求的情况下，测试用例的数目越少越好。

以下是针对公共程序段设计的两个测试用例，称为测试用例组 1。

Test Case 1：$x = 2000$，$y = 600$，$z = 6000$。

Test Case 2：$x = 900$，$y = 600$，$z = 5000$。

如表 3-14 所示，采用 Test Case 1 作为测试用例，则程序按路径 a、c、e 顺序执行，程序中的 4 个语句都被执行一次，符合语句覆盖的要求。采用 Test Case 2 作为测试用例，则程序按路径 a、c、d 顺序执行，程序中的语句 4 没有执行到，所以没有达到语句覆盖的要求。

表 3-14　测试用例组 1

测试用例	x, y, z	$(x>100)$ && $(y>500)$	$(x≥1000)$ ‖ $(z>5000)$	执行路径
Test Case 1	2000, 600, 6000	True	True	ace
Test Case 2	900, 600, 5000	True	False	acd

从表面上看,语句覆盖用例测试了程序中的每一条语句行,好像对程序覆盖得很全面,但实际上语句覆盖测试是最弱的逻辑覆盖方法。例如,若将第一个判断的逻辑运算符"&&"错误写成"‖",或者第二个判断的逻辑运算符"‖"错误地写成"&&",这时如果采用 Test Case 1 测试用例是检验不出程序中的判断逻辑错误的。如果语句 3 "if(x >= 1000)‖(z>5000)then"错误写成"if(x>=1500)‖(z>5000)then",Test Case 1 同样无法发现错误。

根据上述分析可知,语句覆盖测试只是表面上的覆盖程序流程,没有针对源程序各个语句间的内在关系,设计更为细致的测试用例。

2. 判断覆盖测试

判断覆盖(branch coverage)测试是指设计若干个测试用例,执行被测试程序时,程序中每个判断条件的真值分支和假值分支至少被执行一遍。在保证完成要求的情况下,测试用例的数目越少越好。

测试用例组 2 如下。

Test Case 1：$x = 2000$，$y = 600$，$z = 6000$。

Test Case 3：$x = 50$，$y = 600$，$z = 2000$。

如表 3-15 所示,采用 Test Case 1 作为测试用例,程序按路径 a、c、e 顺序执行;采用 Test Case 3 作为测试用例,程序按路径 a、b、d 顺序执行。所以采用这一组测试用例,公共程序段的 4 个判断分支 b、c、d、e 都被覆盖到了。

表 3-15　测试用例组 2

测试用例	x, y, z	$(x>100)$ && $(y>500)$	$(x\geqslant1000)$ ‖ $(z>5000)$	执行路径
Test Case 1	2000, 600, 6000	True	True	ace
Test Case 3	50, 600, 2000	False	False	abd

测试用例组 3 如下。

Test Case 4：$x = 2000$，$y = 600$，$z = 2000$。

Test Case 5：$x = 2000$，$y = 200$，$z = 6000$。

如表 3-16 所示,采用 Test Case 4 作为测试用例,程序沿着路径 a、c、d 顺序执行;采用 Test Case 5 作为测试用例,则程序沿着路径 a、b、e 顺序执行,显然采用这组测试用例同样可以覆盖到所有判断分支。

表 3-16　测试用例组 3

测试用例	x, y, z	$(x>100)$ && $(y>500)$	$(x\geqslant1000)$ ‖ $(z>5000)$	执行路径
Test Case 4	2000, 600, 2000	True	False	acd
Test Case 5	2000, 200, 6000	False	True	abe

实际上,测试用例组 2 和测试用例组 3 不仅达到了判断覆盖要求,也满足了语句覆盖

要求。某种程度上可以说判断覆盖测试要强于语句覆盖测试。但是，如果将第二个判断条件"（x＞=1000）‖（z＞5000）"中的"z＞5000"错误定义成 z 的其他限定范围，由于判断条件中的两个判断式是"或"的关系，其中一个判断式错误是不影响结果的，所以这两组测试用例是发现不了问题的，应该用具有更强逻辑覆盖能力的覆盖测试方法来测试这种内部判断条件。

3. 条件覆盖测试

条件覆盖（condition coverage）测试是指设计若干个测试用例，执行被测试程序时，程序中每个判断条件中的每个判断式的真值和假值至少被执行一遍。

测试用例组 4 如下。

Test Case 1：$x = 2000$，$y = 600$，$z = 6000$。

Test Case 3：$x = 50$，$y = 600$，$z = 2000$。

Test Case 5：$x = 2000$，$y = 200$，$z = 6000$。

如表 3-17 所示，把前面设计过的测试用例挑选出 Test Case 1、Test Case 3、Test Case 5 组合成测试用例组 4。组中的 3 个测试用例覆盖了 4 个内部判断式的 8 种真假值情况，同时这组测试用例也实现了判断覆盖，但是并不可以说判断覆盖是条件覆盖的子集。

表 3-17　测试用例组 4

测试用例	x, y, z	（$x>100$）	（$y>500$）	（$x\geqslant1000$）	（$z>5000$）	执行路径
Test Case 1	2000, 600, 6000	True	True	True	True	ace
Test Case 3	50, 600, 2000	False	True	False	False	abd
Test Case 5	2000, 200, 6000	True	False	True	True	abe

测试用例组 5 如下。

Test Case 6：$x = 50$，$y = 600$，$z = 6000$。

Test Case 7：$x = 2000$，$y = 200$，$z = 1000$。

如表 3-18 和表 3-19 所示，其中表 3-18 表示每个判断条件的每个判断式的真值和假值，表 3-19 表示每个判断条件的真值和假值。测试用例组 5 中的 2 个测试用例虽然覆盖了 4 个内部判断式的 8 种真假值情况，但是这组测试用例的执行路径是 abe，仅是覆盖了判断条件的 4 个真假分支中的 2 个，所以需要设计一种能同时满足判断覆盖和条件覆盖的覆盖测试方法，即判断/条件覆盖测试。

表 3-18　测试用例组 5（包括每个判断条件的判断式）

测试用例	x, y, z	（$x>100$）	（$y>500$）	（$x\geqslant1000$）	（$z>5000$）	执行路径
Test Case 6	50, 600, 6000	False	True	False	True	abe
Test Case 7	2000, 200, 1000	True	False	True	False	abe

表 3-19 测试用例组 5（仅包括判断条件）

测试用例	x, y, z	$(x>100)$ && $(y>500)$	$(x\geqslant1000)$ $\|$ $(z>5000)$	执行路径
Test Case 6	50, 600, 6000	False	True	abe
Test Case 7	2000, 200, 1000	False	True	abe

4. 判断/条件覆盖测试

判断/条件覆盖测试是指设计若干个测试用例，执行被测试程序时，程序中每个判断条件的真假值分支至少被执行一遍，并且每个判断条件的内部判断式的真假值分支也要被执行一遍。

测试用例组 6 如下。

Test Case 1：$x=2000$，$y=600$，$z=6000$。

Test Case 6：$x=50$，$y=600$，$z=6000$。

Test Case 7：$x=2000$，$y=200$，$z=1000$。

Test Case 8：$x=50$，$y=200$，$z=2000$。

如表 3-20 和表 3-21 所示，其中表 3-20 表示每个判断条件的每个判断式的真值和假值，表 3-21 表示每个判断条件的真值和假值。测试用例组 6 虽然满足了判断覆盖和条件覆盖，但是没有对每个判断条件的内部判断式的所有真假值组合进行测试。条件组合判断是必要的，因为条件判断语句中的"与"和"或"，即"&&"和"$\|$"，会使内部判断式之间产生抑制作用。例如，$C=A$ && B 中，如果 A 为假值，那么 C 就为假值，测试程序就不检测 B 了，B 的正确与否就无法测试了。同样，$C=A\|B$ 中，如果 A 为真值，那么 C 就为真值，测试程序也不检测 B 了，B 的正确与否也就无法测试了。

表 3-20 测试用例组 6（包括每个判断条件的判断式）

测试用例	x, y, z	$(x>100)$	$(y>500)$	$(x\geqslant1000)$	$(z>5000)$	执行路径
Test Case 1	2000, 600, 6000	True	True	True	True	ace
Test Case 8	50, 200, 2000	False	False	False	False	abd

表 3-21 测试用例组 6（仅包括判断条件）

测试用例	x, y, z	$(x>100)$&&$(y>500)$	$(x\geqslant1000)$ $\|$ $(z>5000)$	执行路径
Test Case 1	2000, 600, 6000	True	True	ace
Test Case 8	50, 200, 2000	False	False	abd

5. 条件组合覆盖测试

条件组合覆盖测试是指设计若干个测试用例，执行被测试程序时，程序中每个判断条件的内部判断式的各种真假组合可能都至少被执行一遍。可见，满足条件组合覆盖的测试用例组一定满足判断覆盖、条件覆盖和判断/条件覆盖。

测试用例组 7 如下。

Test Case 1：$x = 2000$，$y = 600$，$z = 6000$。

Test Case 6：$x = 50$，$y = 600$，$z = 6000$。

Test Case 7：$x = 2000$，$y = 200$，$z = 1000$。

Test Case 8：$x = 50$，$y = 200$，$z = 2000$。

如表 3-22 和表 3-23 所示，表 3-22 表示每个判断条件的每个判断式的真值和假值，表 3-23 表示每个判断条件的真值和假值。测试用例组 7 虽然满足了判断覆盖、条件覆盖以及判断/条件覆盖，但是并没有覆盖程序控制流图中全部的 4 条路径（ace、abe、abe、abd），只覆盖了其中 3 条路径（ace、abe、abd）。

表 3-22　测试用例组 7（包括每个判断条件的判断式）

测试用例	x, y, z	($x > 100$)	($y > 500$)	($x \geq 1000$)	($z > 5000$)	执行路径
Test Case 1	2000, 600, 6000	True	True	True	True	ace
Test Case 6	50, 600, 6000	False	True	False	True	abe
Test Case 7	2000, 200, 1000	True	False	True	False	abe
Test Case 8	50, 200, 2000	False	False	False	False	abd

表 3-23　测试用例组 7（仅包括判断条件）

测试用例	x, y, z	($x > 100$) && ($y > 500$)	($x \geq 1000$) ‖ ($z > 5000$)	执行路径
Test Case 1	2000, 600, 6000	True	True	ace
Test Case 6	50, 600, 6000	False	True	abe
Test Case 7	2000, 200, 1000	False	True	abe
Test Case 8	50, 200, 2000	False	False	abd

6. 路径覆盖测试

软件测试的目的是尽可能地发现所有软件缺陷，因此程序中的每一条路径都应该进行相应的覆盖测试，从而保证程序中的每一个特定的路径方案都能顺利运行。能够达到这样要求的是路径覆盖测试。

应该注意的是，上面 6 种覆盖测试方法所引用的公共程序只有短短 4 行，是一段非常简单的示例代码。然而，在实际测试程序中，一个简短的程序，其路径数目却是一个庞大的数字。要对其实现路径覆盖测试是很难的。所以，路径覆盖测试是相对的，要尽可能把路径数压缩到一个可承受范围。

当然，即便对某个简短的程序段做到了路径覆盖测试，也不能保证源代码不存在其他软件问题。其他的软件测试手段也是必要的，它们之间是相辅相成的。没有一个测试方法能够找尽所有软件缺陷，只能说是尽可能多地查找软件缺陷。

3.3.2　路径分析测试

着眼于路径分析的测试称为路径分析测试。完成路径测试的理想情况是做到路径覆盖。路径覆盖也是白盒测试最为典型的问题。独立路径覆盖和 Z 路径覆盖是两种常见的路径覆盖方法。

1. 控制流图

白盒测试是针对软件产品内部逻辑结构进行测试的，测试人员必须对测试中的软件有深入的理解，包括其内部结构、各单元部分及其之间的内在联系，以及程序运行原理等，因此这是一项庞大并且复杂的工作。为了更加突出程序的内部结构，便于测试人员理解源代码，可以对程序流程图进行简化，生成控制流图（control flow graph）。简化后的控制流图是由节点和控制边组成的。

1）控制流图的特点

控制流图有以下特点：

（1）具有唯一入口节点，即源节点，表示程序段的开始语句。

（2）具有唯一出口节点，即汇节点，表示程序段的结束语句。

（3）节点由带有标号的圆圈表示，表示一个或多个无分支的源程序语句。

（4）控制边由带箭头的直线或弧表示，代表控制流的方向。

常见的控制流图如图 3-9 所示。

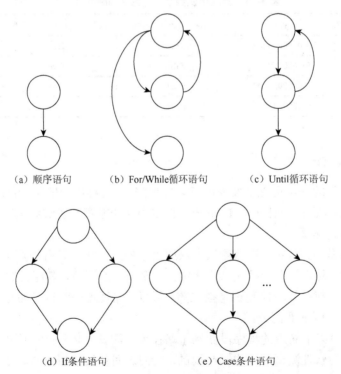

图 3-9　常见的控制流图

包含条件的节点称为判断节点，由判断节点发出的边必须终止于某一个节点。

2）程序的环路复杂性

程序的环路复杂性是一种描述程序逻辑复杂度的标准，该标准运用基本路径方法，给出程序基本路径集中的独立路径条数，这是确保程序中每个可执行语句至少执行一次所必需的测试用例数目的上界。

给定一个控制流图 G，设其环形复杂度为 $V(G)$，在这里介绍三种常见的计算方法来求解 $V(G)$：

（1）$V(G) = E-N+2$，其中 E 是控制流图 G 中边的数量，N 是控制流图中节点的数目。

（2）$V(G) = P+1$，其中 P 是控制流图 G 中判断节点的数目。

（3）$V(G) = A$，其中 A 是控制流图 G 中区域的数目，由边和节点围成的区域称为区域，当在控制流图中计算区域的数目时，控制流图外的区域也应记为一个区域。

2. 独立路径覆盖测试

对于一个较为复杂的程序，要做到完全的路径覆盖测试是不可能实现的，既然路径覆盖测试无法达到，那么可以对某个程序的所有独立路径进行测试，也就是说检验程序的每一条语句，从而达到语句覆盖，这种测试方法就是独立路径覆盖测试方法。从控制流图来看，一条独立路径是至少包含有一条在其他独立路径中从未有过的边的路径。路径可以用控制流图中的节点序列来表示。

例如，在图 3-10 所示的控制流图中，一组独立的路径如下。

path1：1→11。

path2：1→2→3→4→5→10→1→11。

path3：1→2→3→6→8→9→10→1→11。

path4：1→2→3→6→7→9→10→1→11。

path1、path2、path3、path4 组成了控制流图的一个基本路径集。

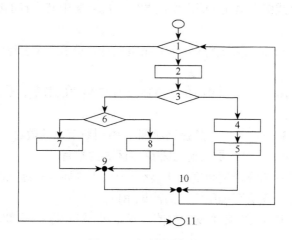

图 3-10　控制流图示例

白盒测试可以设计成基本路径集的执行过程。通常，基本路径集并不唯一确定。独立路径覆盖测试的步骤包括三个方面：导出程序控制流图、求出程序环形复杂度、设计测试用例。

下面通过一个 C 语言程序实例来具体说明独立路径测试的设计流程。这段程序是统计一行字符中有多少个单词，单词之间用空格分隔开。

```
1.  main()
2.  {
3.      int num1=0,num2=0,score=100;
4.      int i;
5.      char str;
6.      scanf("%d,%c\n",&i,&str);
7.      while(i<5)
8.      {
9.          if(str='T')
10.             num1++;
11.         else if(str='F')
12.         {
13.             score=score-10;
14.             num2++;
15.         }
16.         i++;
17.     }
18.     printf("num1=%d,num2=%d,score=%d\n",num1,num2,score);
19. }
```

根据源代码可以导出程序的控制流图 G，如图 3-11 所示。每个圆圈代表控制流图的节点，可以表示一个或多个语句，圆圈中的数字对应程序中某一行的编号，箭头代表边的方向，即控制流方向。

求出程序环形复杂度，根据程序环形复杂度的计算公式，求出程序路径集合中的独立路径数目。

公式 1：$V(G) = 10-8+2$，其中 10 是控制流图 G 中边的数量，8 是控制流图中节点的数目。

公式 2：$V(G) = 3+1$，其中 3 是控制流图 G 中判断节点的数目。

公式 3：$V(G) = 4$，其中 4 是控制流图 G 中区域的数目。

因此，控制流图 G 的环形复杂度是 4，就是说至少需要 4 条独立路径组成基本路径集合，并由此得到能够覆盖所有程序语句的测试用例。

设计测试用例，根据上面环形复杂度的计算结果，源程序的基本路径集合中有 4 条独立路径。

path1：7→18。

path2：7→9→10→16→7→18。

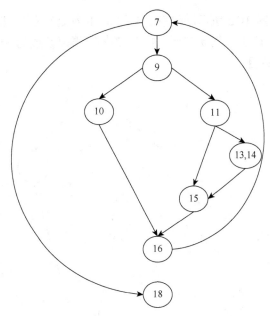

图 3-11　控制流图 G

path3：7→9→11→15→16→7→18。

path4：7→9→11→13，14→15→16→7→18。

根据上述 4 条独立路径，设计测试用例组 8，如表 3-24 所示。测试用例组 8 中的 4 个测试用例作为程序输入数据，能够遍历这 4 条独立路径。对于源程序中的循环体，测试用例组 8 中的输入数据可以使其执行零次或一次。

表 3-24　测试用例组 8

测试用例	输入		期望输出			执行路径
	i	Str	num1	num2	score	
Test Case 1	5	'T'	0	0	100	path 1
Test Case 2	4	'T'	1	0	100	path 2
Test Case 3	4	'F'	0	0	100	path 3
Test Case 4	4	'F'	0	1	90	path 4

注意：如果程序中的条件判断表达式是由一个或多个逻辑运算符（or，and，not）连接的复合条件表达式，则需要变换为一系列只有单个条件的嵌套判断。例如：

```
1. if(a or b)
2. then
3.    procedure x
4. else
5.    procedure y;
6. ……
```

对应的控制流图如图 3-12 所示，程序行 1 的 a，b 都是独立的判断节点，还有程序行 4 也是判断节点，所以共计 3 个判断节点。图 3-12 的环形复杂度为 $V(G) = 3 + 1$，其中 3 是图 3-12 中判断节点的数目。

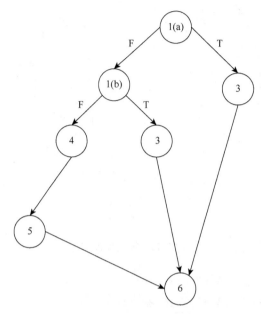

图 3-12　程序控制流图

3. Z 路径覆盖测试

和独立路径覆盖测试一样，Z 路径覆盖测试也是一种常见的路径覆盖测试方法，可以说 Z 路径覆盖测试是路径覆盖面的一种变体。对于语句较少的简单程序，路径覆盖测试是具有可行性的，但是对于源代码很多的复杂程序，或者对于含有较多条件语句和较多循环体的程序，需要测试的路径数目会成倍增长，达到一个巨大数字，以至于无法实现路径覆盖。

为了解决这一问题，必须舍弃一些不重要的因素，简化循环结构，从而极大地减少路径的数量，使得覆盖这些有限的路径成为可能。采用简化循环方法的路径覆盖就是 Z 路径覆盖。

简化循环就是减少循环的次数。不考虑循环体的形式和复杂度，也不考虑循环体实际上需要执行多少次，只考虑通过循环体零次和一次这两种情况。这里的零次循环是指跳过循环体，从循环体的入口直接到循环体的出口。通过一次循环体是指检查循环初始值。

根据简化循环的思路，循环要么执行，要么跳过，这和判定分支的效果是一样的。可见，简化循环就是将循环结构转变成选择结构。

3.3.3　白盒测试方法的优缺点

1. 白盒测试方法的优点

（1）白盒测试方法深入程序内部，测试粒度到达某个模块、某个函数甚至某条语句，能从程序具体实现的角度发现问题。

（2）白盒测试方法是对黑盒测试方法的有力补充，只有将二者结合才能将软件测试工作做到相对到位。

2. 白盒测试方法的缺点

（1）白盒测试使测试人员集中关注程序是否正确执行，却很难同时考虑是否完全满足设计说明书、需求说明书或者用户实际需求，也较难查出程序中遗漏的路径。

（2）白盒测试方法的高覆盖率要求，使得测试工作量大，远远超过黑盒测试的工作量。

（3）需要测试人员用尽量短的时间理解开发人员编写的代码。

（4）需要测试人员读懂代码（思维进入程序）后，还能站在一定高度（思维跳出程序）设计测试用例和开展测试工作，这对测试人员要求太高。

小　　结

本章从不同角度对软件测试方法加以划分，重点介绍了黑盒测试和白盒测试。黑盒测试是一种确认技术，目的是确认"设计的系统是否正确"。黑盒测试是以用户的观点，从输入数据与输出数据的对应关系，也就是根据程序外部特性进行测试，而不考虑内部结构及工作情况。白盒测试方法深入程序内部，能从程序具体实现的角度发现问题。

习　　题

1. 简述软件测试技术从不同角度加以分类的多种方法。
2. 简述静态测试和动态测试的区别。
3. 举例说明黑盒测试的几种测试方法。
4. 简述黑盒测试方法的选择原则。
5. 简述白盒测试的相关方法。
6. 举例说明逻辑覆盖测试的几种测试方法。
7. 通过程序实例来具体说明独立路径测试的设计流程。
8. 比较阐述黑盒测试和白盒测试的优缺点。

第4章　软件测试的过程管理

随着测试技术的蓬勃发展，测试过程的管理显得尤为重要，过程管理已成为测试成功的重要保证。经过多年努力，测试专家提出了许多测试过程模型，包括 V 模型、W 模型、TMap 模型等，这些模型定义了测试活动的流程和方法，为测试管理工作提供了指导。但这些模型各有长短，并没有哪种模型能够完全适合于所有的测试项目，在实际测试中应该吸取各种模型的长处，归纳出合适的测试理念。

4.1　软件测试过程

传统的软件测试过程，主要通过软件工程过程和项目管理两条线分别展示软件测试的基本过程。

（1）从软件工程过程来看，测试经过了需求评审→设计评审→单元测试→集成测试→系统测试→验收测试。

（2）从项目管理的角度来看，测试经过了测试计划→测试设计→执行与监控→结果分析与评估→项目总结。

即使是传统的软件开发，也是倡导每日构建和持续集成。如果仅从软件代码角度看，单元测试和集成测试是同时进行的，没有单独的集成测试。但如果考虑和其他子系统的集成以及和第三方系统的集成，集成测试阶段又是存在的。实际中许多工作是交替进行或者同时进行的，甚至在项目早期就已经开始了。

在长期的研究和实践中，人们越来越深刻认识到，建立简单明确的表示模型是把握复杂系统的关键。为了更好地理解软件开发过程的特征，跟踪、控制和改进软件产品的开发过程，就必须为软件开发过程建立合适的模型。使用模型可以防止人们过早地陷入各个模块的细节，使人们从全局把握系统的全貌及其相关部件之间的关系。

4.1.1　软件测试过程模型介绍

1. V 模型

V 模型最早是由 P. Rook 在 20 世纪 80 年代后期提出的，旨在改进软件开发的效率和效果。V 模型反映了测试活动与分析设计活动的关系，如图 4-1 所示。图 4-1 描述了软件基本的开发过程和测试行为，非常明确地标注了测试过程中存在的不同类型的测试以及这些测试阶段和开发过程期间各阶段的对应关系。

V 模型指出，单元测试和集成测试应检测程序执行是否满足软件设计的要求；系统测试应检测系统功能、性能的质量特性是否达到系统要求的指标；验收测试应确定软件的实

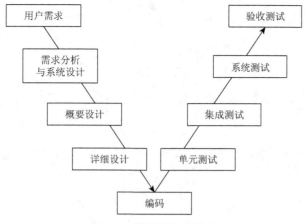

图 4-1　软件测试 V 模型

现是否满足用户需要或合同的要求。V 模型彰显了全过程测试，如图 4-2 所示。但 V 模型存在一定的局限性，它仅仅把测试作为在编码之后的一个阶段，是针对程序进行的寻找错误的活动，而忽视了测试活动对需求分析、系统设计等活动的验证和确认的功能。

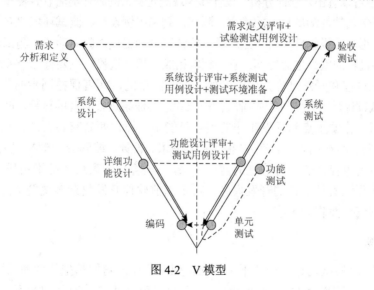

图 4-2　V 模型

2. W 模型

Evolutif 公司针对 V 模型进行了改进，提出了 W 模型。W 模型增加了软件各开发阶段中应同步进行的验证和确认活动，如图 4-3 所示。W 模型由两个 V 模型构成，分别代表测试与开发过程。图 4-3 中明确表示了测试与开发的并行关系，测试伴随着整个软件开发周期，而且测试的对象不仅是程序，还包括需求定义文档、设计文档等，这和 V 模型有相同的内涵。例如，需求分析完成后，测试人员就应该参与到对需求的验证和确认活动中，以尽早找出软件中的缺陷。同时对需求的测试，也有利于及时了解项目难度和测试风险，及早制定对应措施，这将显著减少总体测试时间，加快项目进度。

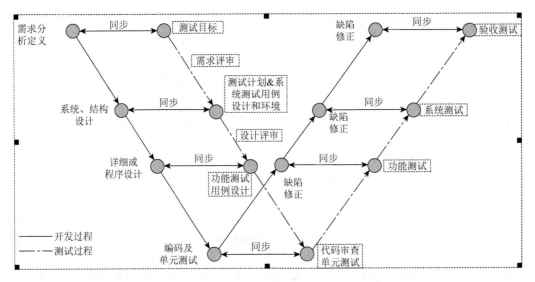

图 4-3　W 模型

从 W 模型可以看出，软件分析、设计和实现的过程，同时伴随着软件测试、验证和确认的过程，而且包括软件测试目标的确定、测试计划和用例设计、测试环境建立等一系列测试活动的过程。也就是说软件项目一旦启动，软件测试的工作也就启动了。测试过程和开发过程都贯穿软件过程的整个生命周期，它们相辅相成、相互依赖，主要有三个关键点：

（1）测试过程和开发过程是同时开始、同时结束的，两者保持同步的关系。

（2）测试过程是对开发过程中阶段性成果和最终成果进行验证的过程，两者相互依赖。

（3）测试工作的重点和开发工作的重点可能不一样，两者有各自的特点。

但 W 模型也存在局限性。在 W 模型中，需求、设计、编码等活动被视为串行，同时，测试和开发活动也保持着一种线性的前后关系，上一阶段结束后才可正式开始下一个阶段工作。这样就无法支持迭代的开发模型。对于当前软件开发复杂多变的情况，W 模型并不能解除测试管理面临的困惑。

3. H 模型

V 模型和 W 模型均存在一些不足之处。如前所述，它们都把软件的开发视为需求、设计、编码等一系列串行的活动，而事实上，这些活动在大部分时间内是可以交叉进行的，所以相应的测试之间也不存在严格的次序关系。同时，各层次的测试（单元测试、集成测试、系统测试等）也存在反复触发、迭代的关系。

为了解决以上问题，有专家提出了 H 模型，将测试活动完全独立出来，形成了一个完全独立的流程。H 模型将测试准备活动和测试执行活动清晰地体现出来，如图 4-4 所示。

图 4-4 中标注的其他流程可以是任意的开发流程，如设计流程或编码流程。H 模型揭示了一个原理：软件测试是一个独立的流程，贯穿于产品整个生命周期，与其他流程并发地进行。H 模型指出软件测试要尽早准备，尽早执行。不同的测试活动可以按照某个次序先后进行，也可能是反复的，只要某个测试达到准备关键点，测试执行活动就可以开展。

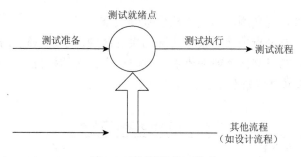

图 4-4　软件测试 H 模型

4. 基于 TMap 的软件测试模型

测试管理方法（test management approach，TMap）是一种业务驱动的、基于风险策略的、结构化的测试方法体系，目的是更早地发现缺陷，以最小的成本，有效地、彻底地完成测试任务，以减少软件发布后的成本。TMap 所定义的测试生命周期由计划和控制、基础设施、准备、说明、执行和完成等阶段组成，如图 4-5 所示。

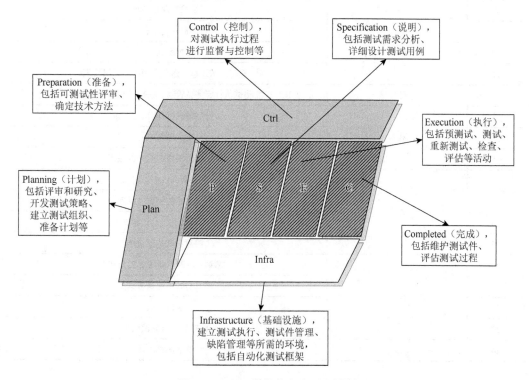

图 4-5　TMap 描述的生命周期模型

（1）计划和控制阶段涉及测试计划的制订，执行测试活动相关事情的定义。在测试过程中，通过定期和临时的报告，客户可以经常收到关于产品质量和风险的更新。

（2）基础设施建立测试执行、测试件管理、缺陷管理等所需的环境。

（3）准备阶段决定软件说明书质量是否足以实现说明书和测试执行的成功。

（4）说明阶段涉及定义测试用例和构建基础设施。

（5）执行阶段需要分析预计结果和实际结果的区别，发现缺陷并报告缺陷。

（6）完成阶段包括对测试资料的维护，创建一个最终的报告。

TMap 模型的基本内容如表 4-1 所示。

表 4-1　TMap 模型基本内容

序号	阶段/类别	活动
1	计划	完成任务安排
2		全局的评审和研究
3		建立测试基线
4		确定测试策略
5		建立测试组织
6		明确说明需提交的测试结果
7		明确说明测试基础设施
8		组织管理和控制
9		建立进度表
10	控制	维护测试计划
11		控制测试过程，建立详细的测试进度表
12	基础设施	建立测试执行、测试管理、缺陷管理等所需的环境
13	准备	测试基线的可测试性评审
14		定义测试单元
15		指定测试规格说明书的技术
16	说明	准备测试规格说明书
17		定义初始的测试数据库
18		开发测试脚本、设计测试场景
19		构建测试基础设施
20	执行	测试目标和基础设施的评审
21		建立初始的测试数据库
22		执行测试
23		比较和分析测试结果
24	完成	解散测试团队

4.1.2　软件测试过程模型的选取策略

前面介绍的测试过程模型中列出了各种模型的优缺点。测试人员在实际测试过程中应该尽可能应用各模型中对项目有实用价值的方面，不能强行为使用模型而使用模型。在测试实践中，大多采用的方法是：以 W 模型作为框架，及早全面地开展测试，同时灵活运用 H 模型独立测试的思想，在达到恰当的关键点时就应该开展独立的测试工作，并将测试工作进行迭代，最终完成测试目标。

4.2　敏捷测试过程

2001 年敏捷宣言的诞生，为软件开发团队提供了新的思路和模式，打破了传统的软件过程和软件生命周期的概念。十多年间，敏捷开发方法逐渐从概念化的理论，一点点成熟和规范，凭借其以人为核心、快迭代的特点，成为许多软件开发团队的选择。传统的测试方法和自动化技术逐渐不能满足当前不断变化的需求和短周期的快迭代模式。在敏捷开发方法下，产品的开发和发布速度大大提高，产品的质量和可靠性成了关注重点，这对软件测试团队是一个极大的挑战。在敏捷开发项目中，软件测试过程也需要应用新的敏捷测试方法。

敏捷测试是符合敏捷测试宣言的思想、遵守敏捷开发原则，在敏捷开发环境下能够很好地和其整体开发流程融合的一系列测试实践。敏捷测试作为敏捷开发的组成部分，能够适应敏捷开发的流程，有效地帮助敏捷开发实现对质量的控制和提升。敏捷测试强调测试人员的个人技能，始终保持与客户、其他人员的紧密协作，建立良好的测试框架以适应需求的变化，更关注被测系统的本身而不是测试文档等。

4.2.1　敏捷测试的特征

敏捷测试具有鲜明的敏捷开发特征，如测试驱动开发（test driven development，TDD）、验收测试驱动开发（acceptance test driven development，ATDD）。单元测试是敏捷测试的基础。在敏捷测试中，开发人员承担更多的测试，软件测试更依赖于整个团队的共同努力。敏捷测试的特征如下：

（1）可以有专职的测试人员，也可以全民测试，强调整个团队对测试负责。

（2）敏捷测试团队每天一起工作，一起讨论需求，一起评审需求，更强调持续测试，持续的质量反馈，测试的持续性更为显著。

（3）敏捷测试强调测试的速度和适应性，侧重计划的不断调整以适应需求的变化。

（4）始终以用户需求为中心，每时每刻不离用户需求，将验证和确认统一起来。

（5）敏捷测试强调面对面的沟通、协作，强调团队的责任，不太关注对缺陷的记录和跟踪。

（6）关注产品本身，关注可以交付的客户价值，在快速交付的敏捷开发模式下，缺陷修复的成本很低。

（7）敏捷测试的持续性迫切要求测试的高度自动化，在 1～3 天就要完成整个验收测试。

4.2.2　敏捷测试流程

在敏捷测试流程中，参与单元测试，关注持续迭代的新功能，针对这些新功能，进行足够的验收测试，而对于原有功能的回归测试则依赖于自动化测试。由于敏捷测试方法中迭代周期短，测试人员应尽早开始测试，包括及时对需求、开发设计的评审，更重要的是能够及时、持续地对软件产品质量进行反馈。总之，在敏捷开发流程中，阶段性不够明显，持续测试和持续质量反馈的特征尤为明显，如图 4-6 所示。敏捷测试 = 持续的质量问题反馈。

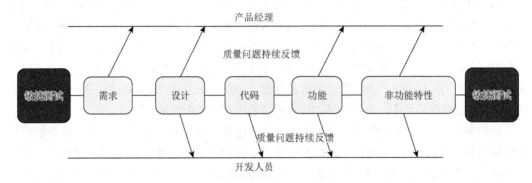

图 4-6　敏捷测试流程

这里以敏捷 Scrum 为例，介绍敏捷测试的流程。如图 4-7 所示，除了最后"验收测试"阶段，其他过程似乎没有显著的测试特征，但存在隐含的测试需求和特征。

（1）发布阶段、需求定义阶段，在定义用户需求时测试要考虑与产品相关的用户的行为模式、产品的质量需求等。

（2）迭代计划，阶段性任务分解和安排，需要明确具体要实现的功能特征和任务。

（3）在每个迭代实施阶段，主要完成迭代模块所定义的任务，除了 TDD 或单元测试之外，应该进行持续集成测试。

（4）验收测试可以由自动化测试工具完成，但不可能做到百分之百的自动化测试，还需要人工参与。

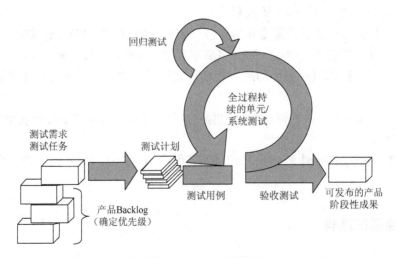

图 4-7　Scrum 流程

4.2.3　基于脚本的测试和探索式测试

传统测试流程经过制订测试计划、设计测试用例、执行测试用例这样的过程。如果把测试用例和自动化测试脚本都归为测试的"脚本"，那么，传统测试多数都是先设计脚本，再进行大规模的测试，即基于脚本的测试（scripted test，ST）。而探索式测试（exploratory test，ET）强调测试的学习、设计和执行同时展开，也就是没有测试用例，而是靠头脑想，一面想一面进行测试。

无论是在传统测试还是在敏捷测试中，测试人员或多或少都会进行探索式测试。虽然在敏捷测试中，探索式测试占有更大的比重，甚至成为主导的方式，但它不可能完全替代基于脚本的测试。探索式测试和基于脚本的测试有各自的优缺点，相互补充、相互配合，才能发挥各自的优势，使测试团队获得更大的利益。

1）ST 为主，ET 为辅

在传统开发中，有较为严格的需求规格和设计文档，有充分的时间去设计足够的测试用例，这时宜采用 ST，ET 只是作为一种辅助的手段发现更多隐藏较深的缺陷，同时完善测试用例。

2）ET 为主，ST 为辅

在敏捷测试中，由于迭代快、开发周期短、需求不明确、需求变化比较频繁，缺乏需求和设计的详细描述文档，ET 发挥更大的作用，在产品功能测试中发挥主导作用。

3）ET 与 ST 相互融合

ET 缺乏良好的系统性、复用性，可以通过角色扮演、基于场景的 ET 来改善其系统性，也就是在执行 ET 之前加入设计，所以 ET 和 ST 也是可以融合的，甚至 ET 还可以为 ST 服务。例如，在 ET 过程中，有些 ET 的执行是没有价值的，有些 ET 的执行是有价值的，我们关注有价值的 ET 执行，将它们记录下来，使之成为固定的测试用例，用来进行将来的回归测试。这样 ET 转化为 ST，最终也能支持自动化测试，提高 ET 的复用性。

4.3　软件测试各个阶段的工作

4.3.1　需求分析阶段

测试需求是整个测试过程的集成，确定测试对象以及测试工作的范围和作用，用来确定整个测试工作（如安排测试时间表、测试设计等）并作为测试覆盖的基础。测试需求是计算测试覆盖的分母，没有测试需求就无法有效地进行测试覆盖。

开始分析和提取测试需求时，整个项目一定至少已经进入设计阶段，一定要有需求文档、设计说明文档或者原型作为依据。而且被确定的测试需求必须是可核实的、可测的，不能有含糊不清的概念，如大概、或者、约等；也不能为无法量化、主观性的概念；必须有一个可观察、可评测的结果。无法核实的需求不是测试需求。

测试需求是制订测试计划的基本依据，确定了测试需求能够为测试计划提供客观依据；测试需求是设计测试用例的指导，确定了要测什么、测哪些方面后才能有针对性地确定测试方案，设计测试用例，如表 4-2 所示。

表 4-2　测试需求分析阶段说明

要点	详细说明
输入条件	软件进入设计阶段，至少需要有需求文档、软件设计说明书或者软件原型
工作内容	测试人员根据相关文档梳理，提取测试需求，确定测试内容（功能、性能、兼容性等）、使用的测试方法（手工测试、自动化测试），以保证此次需要测试的内容覆盖完整
退出标准	提取完成的测试需求点
输出内容	明确测试策略，列出具体的功能列表等

4.3.2　计划与设计阶段

1. 测试计划阶段

当项目进入实施阶段时，测试经理就应该和整个项目的开发人员、需求设计人员进行研究讨论，并对本次测试的交接时间、投入的人力、拟定测试的轮次、测试持续时间、测试的内容和深度进行规模预估，制订出测试计划，如表 4-3 所示。

表 4-3　测试计划阶段说明

要点	详细说明
输入条件	项目进入实施阶段，需求规格说明书、软件设计说明书、原型已输出
工作内容	和整个项目组讨论此次项目测试阶段的人力、时间投入，测试轮次预估，测试的交接和验收时间
退出标准	明确测试内容、时间、人力安排
输出内容	测试人员提交评审后的"测试计划"

2. 测试设计阶段

在项目进入实施阶段的同时，测试人员还需要根据软件需求规格说明书和产品设计说明书编写测试用例。根据每一个测试需求点和功能点，运用不同的用例设计方法编写用例，针对不同的测试内容，设计不同的测试用例，如功能测试用例、性能测试用例、接口测试用例和自动化测试用例，如表 4-4 所示。

表 4-4　测试设计阶段说明

要点	详细说明
输入条件	测试需求明确，测试计划明确
工作内容	根据每一步测试计划编写全部测试用例
退出标准	测试用例需要覆盖所有测试需求
输出内容	测试人员提交评审后的"测试用例"，测试脚本（性能、自动化）

4.3.3　测试实施阶段

测试实施阶段是测试人员在整个项目中需要投入最多工作量的阶段，也是最主要、最重要的一个阶段。在这个阶段，测试人员需要根据前期的测试计划、测试策略来执行测试用例，根据设计的测试用例来执行测试，并使用测试管理工具记录、提交、跟踪测试中发现的缺陷，并配合、督促开发人员复现、定位、修复缺陷，然后验证和消除缺陷，如表 4-5 所示。

表 4-5　测试实施阶段说明

要点	详细说明
输入条件	测试用例
工作内容	根据测试计划中分配给个人的测试任务，在测试计划的时间段内，执行相应的全部测试用例，并将测试结果记录到测试管理工具中。如果有需求和设计上的变更，需要不断完善测试用例
退出标准	执行完所有的测试用例，记录结果
输出内容	测试结果（输出到测试管理工具中）

4.3.4　测试结束阶段

约定的测试周期完成后，测试人员需要总结此次测试的结果，并编写测试报告。

1. 提交缺陷报告

测试结束后，根据项目组的要求和具体情况，可能会要求提交缺陷报告，统计此次测试过程中出现的缺陷数量、分布情况，以及各功能模块发现的缺陷占比、严重等级和修复情况等。缺陷报告的内容侧重于对缺陷的统计和分析。

2. 提交测试报告

测试报告是在测试阶段结束后，或者测试工作结束后需要提交的，所以报告又分为阶段性测试报告和总结性测试报告。报告需要对此次或者此阶段测试的情况进行统计、汇总、分析，以供整个项目组了解软件开发的质量、开发的进度及软件修复的情况，对项目经理决定上线时间、项目是否延期等相关决策提供一个重要的参数依据，如表 4-6 所示。

表 4-6　提交测试报告说明

要点	详细说明
输入条件	测试人员完成了预订周期的测试任务
工作内容（阶段性测试报告）	测试人员编写阶段性测试报告，主要包括以下内容： 测试报告的版本； 测试的人员和时间； 测试所覆盖的缺陷； 上一版本活动缺陷的数量； 经过此轮测试，所有活动缺陷的数量及其状态分类； 测试评估，哪些功能实现了，哪些还没有实现； 亟待解决的问题，可以写明当前项目组中面临的优先级最高的问题

要点	详细说明
工作内容（总结性测试报告）	整个项目的测试工作结束后，测试人员应该就该项目的测试情况编写总结性测试报告，测试报告主要包含以下内容： 测试资源概述——多少人，多长时间； 测试结果摘要——分别描述各个测试需求的测试结果，产品实现了哪些功能，哪些还没有实现，以及没有实现的原因； 缺陷分析——按照缺陷的属性分类分析，如缺陷总数、各模块的缺陷分布、不同严重等级的缺陷、缺陷的修复情况、未修复的缺陷及未修复的原因、对项目整体的影响等； 测试评估——从总体对项目质量进行评估； 测试组建议——从测试组的角度为项目提出工作建议
退出标准	本次测试中所有的相关测试数据统计完毕，完成统计分析
输出内容	"缺陷报告"（非必需）、"测试报告"

4.3.5　测试验收和归档阶段

测试结束后需要进行测试验收。而测试归档是在测试验收结束后，宣布测试有效，对测试过程中涉及各种标准文档进行归档，如表 4-7 所示。

表 4-7　测试归档说明

要点	详细说明
输入条件	测试验收通过
工作内容	归档测试过程中的所有文档，主要包括以下文档： 测试计划； 测试用例； 测试报告
退出标准	全部文档归档完毕
输出内容	归档清单

4.4　按阶段和测试内容进行测试分类

4.4.1　按阶段进行测试分类

1. 单元测试

单元测试是指对软件中最小的可测试单元进行检查和验证。
准入条件如下：
（1）源码已完成或 50%完成。
（2）源码编译已经通过。

（3）项目需求文档、概要设计文档、详细设计文档均通过评审并归档。

（4）单元测试用例通过评审并归档。

主要测试点和方法如下：

（1）代码静态检查。通过分析、检查源代码的语法、结构、过程、接口等来检查程序的正确性，找出代码隐藏的错误和缺陷，如参数不匹配、存有歧义的嵌套语句、错误的递归、可能出现的空指针引用等。

（2）独立路径和错误检查。

独立路径测试：应对每一条独立执行路径进行测试，每条语句至少执行一次，测试目的主要是发现因错误计算、不正确的比较和不适当的控制流造成的错误。

错误检查：首先检查程序是否有错误处理，其次对于程序中的错误处理的完整性和正确性进行检查。

单元测试人员一般是开发人员。需要参与测试的人员职责如表 4-8 所示。

表 4-8 参与测试的人员职责

编号	角色	职责说明
1	需求经理	对测试中需求不明确的地方进行明确
2	产品经理	对测试中产品功能实现有歧义的地方进行明确
3	开发人员	负责功能开发、缺陷修改、单元测试
4	开发责任人	负责软件开发进度、版本提交和相关协调
5	配置管理员	负责每轮测试前的代码获取、编译、发布
6	测试经理	负责项目测试整体计划、协调和质量

2. 集成测试

在单元测试的基础上，将所有模块按照设计要求组装成子系统或系统，进行集成测试。最简单的形式是把两个已经测试过的单元组合成一个组件，测试它们之间的接口。

准入条件如下：

（1）单元测试用例编写完成。

（2）核心功能开发完成。

（3）项目需求文档、概要设计文档、详细设计文档均通过评审并归档。

（4）子系统间接口说明文档通过评审并归档。

（5）项目集成测试用例文档通过评审并归档。

3. 系统测试

系统测试是对整个产品进行测试，目的是验证系统是否满足需求规格的定义，找出与需求规格不符或与之矛盾的地方，从而提出更加完善的方案，是整个测试最重要、最关键的部分。

准入条件如下：

（1）单元、集成测试完成。

（2）前阶段中的缺陷修复率为 100%。

（3）功能用例编写完成，覆盖率达到 100%。

（4）项目需求文档、设计文档均通过评审并归档。

（5）测试用例通过评审并归档。

4．随机测试（非必需）

随机测试主要是对被测软件的一些重要功能进行复测，也包括之前的测试用例没有覆盖到的地方。另外，对于软件更新和新增加的功能要重点进行测试。重点对一些特殊点、特殊的使用环境、并发性进行检查。尤其对之前测试发现的重大缺陷，进行再次测试，可以结合回归测试进行。

5．验收测试（非必需）

1）β 测试

β 测试（Beta 测试）是软件的多个用户在一个或多个用户的实际使用环境下进行测试。开发者通常不在测试现场，β 测试不能由程序开发人员或测试人员完成。

2）α 测试

α 测试（Alpha 测试）是由一个用户在开发环境下进行测试，也可以是公司内部的用户在模拟实际操作环境下进行受控测试，α 测试不能由该系统的程序开发人员或测试人员完成。

α 测试和 β 测试的不同之处在于测试的环境，前者是在开发环境，后者是在实际使用环境，故后者模拟真实使用场景的程度更高，发现的问题也更有意义，一般运用在项目的试运行阶段。

4.4.2　按测试内容进行测试分类

1．功能测试

功能测试也称为黑盒测试，是在不看代码的前提下，通过运用软件进行测试，重点是关注系统的功能是否正常实现、设计是否合理、用户的需求是否全部覆盖，这也是测试工作最主要、最重要的内容。

根据被测功能点的特征列出相应类型的测试用例，进行测试覆盖，如涉及输入的地方需要考虑对等价、边界、负面、异常或非法、场景回滚、关联测试等测试类型进行覆盖。功能点的测试说明如表 4-9 所示。

表 4-9　功能点的测试说明

序列	分类	说明
1	基本功能	正常增、删、改、查； 正常业务流程； 正常权限功能； 正常数据调用

续表

序列	分类	说明
2	边界类	验证边界值； 屏幕上光标在最左上、最右下位置； 报表的第一行和最后一行； 数组元素的第一个和最后一个； 最小值、最大值和空值； 其他边界条件
3	等价类	有效等价类； 无效等价类
4	错误推测	基于经验和直觉推测程序中可能存在的各种错误
5	因果图	设计因果图，写决策表，确定测试用例
6	用户场景设计	根据不同用户运行系统时所做的操作，设计测试用例
7	应用程序（App）特有功能	应用的前后台切换； 数据更新； 离线浏览； 定位、照相机服务，扫描二维码功能； 时间测试； 运行测试

2. 界面测试

界面测试用于测试用户界面的布局是否合理、整体风格是否一致、各个控件的位置是否符合客户使用习惯。

测试内容如下：

（1）导航、链接、Cookie、页面结构（包括菜单、背景、颜色、字体、按钮名称、标题、提示信息的一致性等）。

（2）界面内容完整性检查，通过浏览器测试，确认对象可以正确地反映业务的功能和需求，包括窗口与窗口之间的跳转、字段与字段之间的浏览、各种快捷键的使用。

（3）窗口的对象和特征（如菜单、大小、位置、状态和中心）都符合标准。

3. 接口测试

当模块之间、子系统之间有接口交互时，需要根据接口文档进行测试。接口测试又称为集成测试或灰盒测试，主要用于检测外部系统与系统之间及内部各个子系统之间的交互点。测试的重点是检查数据的交换，传递和控制管理过程，以及系统间的相互逻辑依赖关系。

测试内容如下：

（1）输入的实际参数与形式参数的个数是否一致。

（2）输入的实际参数与形式参数的属性是否匹配。

（3）调用其他模块时所给实际参数的个数是否与被调模块的形式参数个数相同、形式参数属性匹配等。

（4）调用预定义函数时所使用参数的个数、属性和次序是否正确。

（5）是否存在与当前入口点无关的参数引用。

（6）是否修改了只读型参数。

（7）各模块对全局变量的定义是否一致。

（8）是否把某些约束作为参数传递。

（9）如果模块功能包括外部输入输出，还要考虑文件的属性是否正确，open/close 语句是否正确。

（10）格式说明与输入输出语句是否匹配。

4. 性能测试

性能测试是通过性能测试工具模拟多种正常、峰值及异常负载条件来对系统的各项性能指标进行测试。性能测试的内容主要包括三个方面，即应用在客户端性能的测试、应用在网络上性能的测试和应用在服务器端性能的测试。通常情况下，三方面有效而合理地进行结合，可以达到对系统性能全面的分析和瓶颈预测。

性能测试类型包括负载测试、压力测试、容量测试等。

负载测试：是为了测试软件系统是否达到需求文档设计的目标而进行的测试，如软件在一定时期内，最大支持多少并发用户数、软件请求出错率等，测试的主要是软件系统的性能。

压力测试：强度测试即压力测试，压力测试主要是为了测试硬件系统是否达到需求文档设计的性能指标，例如，在一定时期内，系统的中央处理器（CPU）利用率、内存使用率、磁盘输入输出（I/O）吞吐率、网络吞吐量等，压力测试和负载测试最大的差别在于测试目的不同。

容量测试：确定系统最大承受量，如系统最大用户数、最大存储量、最大数据流量等。

5. 兼容性测试

Web 兼容性测试范围主要从操作系统、浏览器、分辨率这三方面考虑，而系统（不同 Windows 版本）和浏览器（如 IE9、谷歌、火狐）是重点考虑方向，系统应该支持什么系统和浏览器，也应以需求为依据。

App 兼容性主要考虑内部兼容性和外部兼容性：

（1）与本地及主流 App 是否兼容。

（2）基于开发环境和生产环境的不同，检验在各种网络连接下（WiFi，GSM，GPRS等）App 的数据和运行是否正确。

（3）与各种设备是否兼容，若有跨系统支持，则需要检验是否在各系统下，各种行为是否一致，如不同操作系统的兼容性、不同手机屏幕分辨率的兼容性、不同手机品牌的兼容性。

6. 安全性测试

安全性测试是在信息技术（IT）软件产品的生命周期中，特别是产品开发基本完成到发布阶段，对产品进行检验以验证产品符合安全需求定义和产品质量标准的过程。

　　根据可测试性和通用性，安全性测试可以划分为权限管理测试、认证测试、会话管理测试、服务器测试、数据注入测试、其余方面的安全性测试。

7. 安装测试

　　安装测试只针对客户端/服务器（C/S）架构的系统，需要验证 App 是否能正确安装、运行、卸载以及操作过程和操作前后对系统资源的使用情况。

小　　结

　　本章主要讲述了软件测试的过程模型，如 V 模型、W 模型、基于 TMap 的软件测试模型以及敏捷测试过程，讲述了软件测试各个阶段的工作，如需求分析阶段、计划与设计阶段、测试实施阶段、测试结束、测试验收和归档各个阶段的测试任务，并对测试种类按阶段、按测试内容分别进行了划分和阐述。

习　　题

1. 针对 W 模型和基于 TMap 的软件测试模型进行对比分析，然后讨论各自的特点。
2. 一个完整的测试过程一般包括哪些阶段？
3. 测试分工有什么好处？
4. 按阶段划分，测试有哪些种类？
5. 按测试内容划分，测试有哪些种类？
6. 测试结束后应该做哪些工作？

第 5 章　测试用例设计

测试用例设计是整个测试工作中最重要的一环，也是整个测试流程中难度最大的部分。对测试用例的设计，应当便于测试工作的组织、提高测试效率、降低测试成本。

5.1　测试用例的基本概念

测试用例（test case）是为了特定的测试目的（如考察特定程序路径或验证某个产品特性）而设计的测试条件、测试数据及与之相关的测试规程的一个特定的使用实例或场景。测试用例也可以称为有效地发现软件缺陷的最小测试执行单元。而测试脚本（test script）是测试工具执行的一组指令集合，使计算机能自动完成测试用例的执行，也是计算机程序的一种形式。脚本可以通过录制测试的操作产生，也可以直接用脚本语言编写。测试用例可以看成手工执行的脚本，而测试脚本可以看成测试工具执行的测试用例。测试用例的主要作用有以下几个方面：

（1）测试用例是测试人员在测试过程中的重要参考依据。测试过程中，总要对测试结果有一个评判的依据。没有依据，就不可能知道测试结果是否通过，也不知道输入的数据正确与否。这些依据需要在测试用例中进行描述。

（2）测试用例有助于实施有效的测试，所有被执行的测试都是有意义的，不要执行毫无意义的测试操作。测试时是不可能进行穷举测试的，而应以最少的人力资源投入，在最短的时间内尽可能地发现所有的软件缺陷。完成测试任务，依赖于设计良好的测试用例。良好的测试用例有助于节约测试时间，提高测试效率。

（3）良好的测试用例不断地被重复使用，使得测试过程事半功倍。在软件产品的开发过程中，要不断推出新的版本，并对原有功能进行多次回归测试，即使在一个版本中，也要进行两三次的回归测试。这些回归测试，就要求能重复使用测试用例。

（4）测试用例是一个知识积累的过程。在测试过程中，人们对产品特性的理解会越来越深，发现的缺陷也会越来越多。这些缺陷中，有些不是通过事先设计好的测试用例发现的，在对这些缺陷进行分析之后，需要加入新的测试用例，这就是知识积累的过程。即便最初的测试用例考虑不周全，随着测试的逐步深入，测试用例也将日趋完善。

测试用例是测试执行的基础，是根据相应的测试思路和测试方法设计出来的，所采用的各种测试设计方法互不相同，但测试用例的设计遵守一定的流程，例如：

（1）测试用例设计的策略和思想，在测试计划中描述出来。

（2）设计测试用例的框架，也就是测试用例的结构。

（3）细化结构，逐步设计出具体的测试用例。

（4）通过测试用例的评审，不断优化测试用例。

5.2　测试用例的设计

5.2.1　设计基本原则

在设计测试用例时，除了需要遵守基本的测试用例编写规范外，还需要遵循一些基本的原则。

1. 避免含糊的测试用例

含糊的测试用例会给测试过程带来困难，甚至会影响测试的结果。在测试过程中，测试用例的状态是唯一的，一般是下列三种状态中的一种：

（1）通过（pass）。

（2）未通过（failed）。

（3）未进行测试（not done）。

如果测试未通过，一般会有对应的缺陷报告与之关联；如未进行测试，则需要说明原因（测试用例条件不具备、缺乏测试环境或测试用例目前已不适用等）。因此，清晰的测试用例不会使测试人员在进行测试过程中出现模棱两可的情况，对一个具体的测试用例不会有"部分通过，部分未通过"的结果。如果按照某个测试用例的描述进行操作，不能找到软件的缺陷，但软件实际存在和这个测试用例相关的错误，那么这样的测试用例是不合格的，将给测试人员的判断带来困难，也不利于测试过程的跟踪。

举例：以后文中的示例一来说明，对用户登录的页面进行测试设计。如测试用例描述如下：

输入正确的用户名和密码，所有程序工作正常。

输入错误的用户名和密码，程序工作不正常，并弹出对话框。

像上面的测试用例，未能清楚地描述什么样是程序正常工作状态及程序不正常工作状态，这样含糊不清的测试用例必然会导致测试过程中问题的遗漏。

2. 尽量将具有相似功能的测试用例抽象并归类

软件测试过程是无法穷举测试的，因此对相类似的测试用例的抽象过程显得尤为重要，一个好的测试用例应该能代表一组同类的数据或相似的数据处理逻辑过程。

3. 尽量避免冗长和复杂的测试用例

这样做的主要目的是保证验证结果的唯一性。这也是和第一条原则相一致的，为的是在测试执行过程中，确保测试用例输出状态的唯一性，从而便于跟踪和管理。在一些很长和复杂的测试用例设计过程中，需要对测试用例进行合理的分解，从而保证测试用例的准确性。在某些时候，当测试用例包含很多不同类型的输入或者输出，或者测试过程的逻辑复杂而不连续时，需要对测试进行分解。

5.2.2　测试用例编写标准

在编写测试用例过程中,需要遵循基本的测试用例编写标准,并参考一些测试用例设计指南。在 ANSI/IEEE 829—1983 标准中,列出了和测试设计相关的测试用例编写规范和模板。而标准模板中的主要元素如下。

1. 标识符

每个测试用例应该有一个唯一的标识符。标识符将成为所有和测试用例相关的文档/表格引用和参考的基本元素,这些文档/表格包括缺陷报告、测试任务、测试报告等。

2. 测试项

测试用例应该能准确地描述所需要的项及其特征。测试项应该比测试设计说明中所列出的特征性描述更加具体,例如,Windows 计算器应用程序测试中,测试对象是整个应用程序的用户界面,其测试项将包括该应用程序各个界面元素的操作,如窗口缩放、界面布局、菜单等。

3. 测试环境要求

测试环境要求用来表征执行该测试用例需要的测试环境。一般来说,在整个测试模块里应该包含整个测试环境的特殊需求,而单个测试用例的测试环境需要表征该测试用例单独所需要的特殊环境需求。

4. 输入标准

输入标准用来执行测试用例的输入需求,这些输入可能包括数据、文件或者操作(如鼠标的单击、双击等)。

5. 输出标准

标识按照指定的环境、条件和输入而得到的期望输出结果。如果可能,尽量提供适当的系统规格说明来证明期望的结果。

6. 测试用例之间的关联

测试用例之间的关联用来标识该测试用例与其他测试用例之间的依赖关系。在测试的实际过程中,很多的测试用例并不是单独存在的,它们之间可能有某种依赖关系,例如,用例 A 需要基于 B 的测试结果正确的前提才被执行,此时需要在 A 的测试用例中表明对 B 的依赖性,从而保证测试用例的严谨性。

综上所述,可以使用一个数据库的表来描述测试用例的主要元素,如表 5-1 所示。

表 5-1　测试用例元素表示

字段名称	类型	是否必选	注释
标识符	整型	是	唯一标识该测试用例的值
测试项	字符型	是	测试的对象
测试环境要求	字符型	否	可能在整个模块里面使用相同的测试环境需求
输入标准	字符型	是	
输出标准	字符型	是	
测试用例之间的关联	字符型	否	并非所有的测试用例之间都需要关联

如果用数据字典的方法来表示，测试用例可以简单地表示成：测试用例 = {输入数据 + 操作步骤 + 期望结果}，其中 { } 表示重复。这个式子还表明，每一个完整的测试用例不仅包含被测程序的输入数据，还包括执行的步骤、预期的输出结果。

接下来用一个具体的例子来描述测试用例的组成结构。例如，对 Windows 记事本程序进行测试，选取其中的一个测试项——"文件"菜单栏的测试。

测试对象：记事本程序"文件"菜单栏（测试用例标识 1000，下同），所包含的测试用例描述如下：

文件/新建（1001）；

文件/打开（1002）；

文件/保存（1003）；

文件/另存为（1004）；

文件/页面设置（1005）；

文件/打印（1006）；

文件/退出（1007）；

菜单布局（1008）；

快捷键（1009）。

选取其中的一个子测试用例"文件/退出（1007）"作为详细例子，完整的测试用例描述如表 5-2 所示。通过这个例子，可以了解测试用例具体的描述方法和格式。通过实践，获得必要的技巧和经验，能更好地描述出完整的、良好的测试用例。

表 5-2　一个具体的测试用例

字段名称	描述
标识符	1007
测试项	记事本程序，"文件"菜单栏中"文件"→"退出"菜单的功能测试
测试环境要求	Windows 2000 Professional，中文版
输入标准	（1）打开 Windows 记事本程序，不输入任何字符，鼠标单击选择菜单"文件"→"退出"； （2）打开 Windows 记事本程序，输入一些字符，不保存文件，鼠标单击选择菜单"文件"→"退出"； （3）打开 Windows 记事本程序，输入一些字符，保存文件，鼠标单击选择菜单"文件"→"退出"； （4）打开一个 Windows 记事本文件（扩展名为 txt），不做任何修改，鼠标单击选择菜单"文件"→"退出"； （5）打开一个 Windows 记事本文件，做修改后不保存，鼠标单击选择菜单"文件"→"退出"

字段名称	描述
输出标准	（1）记事本未做修改，鼠标单击菜单"文件"→"退出"，能正确退出应用程序，无提示信息； （2）记事本做修改未保存或者另存为，鼠标单击菜单"文件"→"退出"，会提示"未定标题文件的文字已经改变，想保存文件吗？"单击"是"按钮，Windows 将打开"保存"/"另存为"对话框；单击"否"按钮，文件将不被保存并退出记事本程序；单击"取消"按钮将返回记事本窗口
测试用例之间的关联	1009（快捷键测试）

5.2.3　测试用例考虑的因素

一般来说，穷举测试是不可能实现的，试图用所有的测试用例来覆盖所有测试可能遇到的情形是不可能的，所以在测试用例的编写、组织过程中，应尽量考虑有代表性的典型的测试用例，来实现以点带面的穷举测试，这要求在测试用例设计中考虑以下一些基本因素。

（1）测试用例必须具有代表性、典型性。一个测试用例能基本涵盖一组特定的情形，目标明确，这可能要借助测试用例设计的有效方法和对用户使用产品的准确把握。

（2）测试用例设计时，是寻求系统设计、功能设计的弱点。测试用例需要确切地反映功能设计中可能存在的各种问题，而不要简单复制产品说明书的内容。同时，测试用例还需要按照功能规格说明书的要求进行设计，将所有可能的情况结合起来考虑。后文中示例一是针对一个常见的 Web 的登录页面来设计测试用例，通过这个例子来阐述从功能规格说明书到具体的测试用例编写的整个过程。

（3）测试用例需要考虑到正确的输入，也需要考虑错误的或者异常的输入，以及需要分析这样的错误或者异常发生的原因。例如，进行电子邮件地址校验时，不仅需要考虑到正确的电子邮件地址（如 pass@web.com）的输入，同时需要考虑错误的、不合法的（如没有@符号的输入）或者带有异常字符（单引号、斜杠、双引号等）的电子邮件地址的输入，尤其是在做 Web 页面测试时，通常会出现一些字符转义问题而造成异常情况的发生，见示例二。

（4）用户测试用例设计，要考虑诸多用户实际使用场景。用户测试用例是基于用户实际的可能场景，从用户的角度来模拟程序的输入，从而针对程序来执行测试用例。用户测试用例不仅需要考虑用户实际的环境因素，例如，在 Web 程序中需要对用户的连接速度、负载进行模拟，还需要考虑各种网络连接方式的速度。在本地软件测试时，需要尊重用户所在国家、区域的风俗、语言及使用习惯。

5.2.4　测试用例设计举例

示 例 一

用户登录的功能设计规格说明书

1. 用户登录

1.1 满足本页面布局图示。

1.2 当用户没有输入用户名和密码时，不立即弹出错误对话框，而是在页面上使用红色字体来提示。

1.3 用户密码使用掩码符号（*）来标识。

1.4 *代表必选字段，将出现在输入文本框的后面。

2. 登录出现错误

当登录出现错误时，在页面的顶部都会出现相应的错误提示，错误提示的内容如下所述，错误提示在计算机页面是以高亮的红色字体实现的。

3. 错误信息描述

错误信息	属性	值
用户名输入为空	编号	MSG0001
	显示的页面	ErrorPage0001
	出现条件	当用户输入的用户名为空而试图登录时
	提示信息	错误：请输入用户名
密码为空	编号	MSG0002
	显示的页面	ErrorPage0002
	出现条件	当用户密码输入为空且没有出现 WMSG001 的提示信息时
	提示信息	错误：请输入密码
用户名/密码不匹配	编号	MSG0003
	显示的页面	ErrorPage0003
	出现条件	当用户名和密码不匹配时
	提示信息	错误：您输入的用户名或者密码不正确

通用安全性设计规格说明书

1. 安全性描述

1.1 输入安全性：在用户登录或者信用卡验证过程中，如果三次输入不正确，页面将需要重新打开才能生效。

1.2 密码：在所有的用户密码中，都必须使用掩码符号（*）来标识，数据在数据库中存储使用统一的加密和解密算法。

1.3 Cookie：在信用卡信息验证，输入用户名时，Cookie 都是被禁止的，当用户第一次输入后，浏览器将不再提供是否保存信息的提示信息，自动完成功能将被禁用。

1.4 SSL（secure sockets layer）校验：所有的站点访问时，必须经过 SSL 校验。

2. 错误描述

测试用例设计：结合相关规格说明书要求，理解和掌握测试用例设计的关键点，测试用例设计如表 5-3 所示。这里实际把多个测试用例放在一起，构成单个功能测试的用例集合。

表 5-3　用户登录功能测试用例（集合）

字段名称	描述
标识符	1100
测试环境要求	（1）用户 test/pass 为有效登录用户，用户 test1 为无效登录用户； （2）浏览器的 Cookie 未被禁用
输入标准	（1）输入正确的用户名和密码，单击"登录"按钮； （2）输入错误的用户名和密码，单击"登录"按钮； （3）不输入用户名和密码，单击"登录"按钮； （4）输入正确的用户名并不输入密码，单击"登录"按钮； （5）三次输入无效的用户名和密码尝试登录； （6）第一次登录成功后，重新打开浏览器登录，输入上次成功登录的用户名的第一个字符
输出标准	（1）数据库中存在的用户将能正确登录； （2）错误的或者无效用户登录失败，并在页面的顶部出现红色字体："错误：用户名或密码输入错误"； （3）用户名为空时，页面顶部出现红色字体提示："错误：请输入用户名"； （4）密码为空且用户名不为空时，页面顶部出现红色字体提示："错误：请输入密码"； （5）三次登录无效后，第 4 次尝试登录会出现提示信息："您已经三次尝试登录失败，请重新打开浏览器进行登录"，此后的登录过程将被禁止； （6）自动完成功能将被禁用，查看浏览器的 Cookie 信息，将不会出现上次登录的用户名和密码信息，第一次使用一个新账户登录时，浏览器将不会提示"是否记住密码以便下次使用"对话框； （7）所有的密码均以"*"方式输入
测试用例间的关联	1101（有效密码测试）

示　例　二

在上面提到的用户登录页面的示例一中，需要考虑特殊字符的输入，尤其是脚本语言敏感的字符输入，将上面的测试用例集合进行完善，如表 5-4 所示。

表 5-4　用户登录功能测试用例（集合）完善

字段名称	描述
标识符	1100
测试项	站点用户登录功能测试

续表

字段名称	描述
测试环境要求	（1）用户 pass/pass 为有效登录用户，用户 pass1/pass 为无效登录用户，用户 pass'jean/password 为有效登录用户； （2）浏览器的 Cookie 未被禁用
输入标准	（1）输入正确的用户名和密码，单击"登录"按钮； （2）输入错误的用户名和密码，单击"登录"按钮； （3）不输入用户名和密码，单击"登录"按钮； （4）输入正确的用户名并不输入密码，单击"登录"按钮； （5）输入带特殊字符的用户名（带/、'、"或#，如 pass'jean）和密码，单击"登录"按钮； （6）三次输入无效的用户名和密码尝试登录； （7）第一次登录成功后，重新打开浏览器登录，输入上次成功登录的用户名的第一个字符
输出标准	（1）数据库中存在的用户（pass/pass，pass'jean/password）将能正确登录； （2）错误的或者无效用户登录失败，并在页面的顶部出现红色字体："错误：用户名或密码输入错误"； （3）用户名为空时，页面顶部出现红色字体提示："错误：请输入用户名"； （4）密码为空且用户名不为空时，页面顶部出现红色字体提示："错误：请输入密码"； （5）含特殊字符（'、/、"、#）的用户名，如数据库中有该记录，将能正确登录，如无该用户记录，则不能登录，校验过程和普通的字符相同，不能出现空白页面或者脚本错误； （6）三次无效登录后，第 4 次尝试登录后出现提示信息"您已三次尝试登录失败，请重新打开浏览器进行登录"，此后的登录过程将被禁止； （7）自动完成功能将被禁用，查看浏览器的 Cookie 信息，将不会出现上次登录的用户和密码信息，第一次使用一个新账户登录时，浏览器将不会提示"是否记住密码以便下次使用"对话框； （8）所有的密码均以"*"方式输入
测试用例间的关联	1101（有效密码测试）

5.2.5 测试用例的分类

1. 白盒测试技术

白盒测试是结构测试，所以被测对象基本上是源程序，它以程序的内部逻辑为基础设计测试用例。

1）逻辑覆盖

以程序内部的逻辑覆盖程度为基础。当程序中有循环时，覆盖每条路径是不可能的，但要设计覆盖程度较高的或覆盖最有代表性的路径的测试用例。下面分别讨论几种常用的覆盖技术。

（1）语句覆盖。为了提高发现错误的可能性，在测试时应该执行到程序中的每一个语句。语句覆盖是指设计足够的测试用例，使被测试程序中每个语句至少执行一次。

（2）判断覆盖。判断覆盖是指设计足够的测试用例，使得被测程序中每个判定表达式至少获得一次"真"值和"假"值，从而使程序的每一个分支至少都通过一次，因此判断覆盖也称为分支覆盖。

（3）条件覆盖。条件覆盖是指设计足够的测试用例，使得判定表达式中每个条件的各种可能的值至少出现一次。

（4）判断/条件覆盖。判断/条件覆盖是指设计足够的测试用例，使得判定表达式的每个条件的所有可能取值至少出现一次，并使每个判定表达式所有可能的结果也至少出现一次。

（5）条件组合覆盖。条件组合覆盖是比较强的覆盖标准，它是指设计足够的测试用例，使得每个判定表达式中条件的各种可能的值的组合都至少出现一次。

（6）路径覆盖。路径覆盖是指设计足够的测试用例，覆盖被测程序中所有可能的路径。

在实际的逻辑覆盖测试中，一般以条件组合覆盖为主设计测试用例，再补充部分用例，以达到路径覆盖测试标准。

2）循环覆盖

在程序中存在四种循环，即简单循环、串接循环、嵌套循环和不规则循环。循环覆盖的目的就是检查循环结构的有效性。

（1）简单循环。简单循环中应该重点测试以下几个方面：循环变量的初始值是否正确；循环变量的最大值是否正确；何时退出循环；循环变量的增量是否正确。

（2）串接循环。如果串接循环的循环体是彼此之间独立的，那么可以使用简单循环的测试方法；如果两个循环串接起来，并且第一个循环是第二个循环的初始值，那么应该考虑使用嵌套循环。

（3）嵌套循环。嵌套循环应该重点测试以下方面：当外循环变量为最小值，内层循环变量也为最小值时，运算结束；当外循环变量为最小值，内层循环变量为最大值时，运算结束；当外循环变量为最大值，内层循环变量为最小值时，运算结束；当外循环变量为最大值，内层循环变量也为最大值时，运算结束；循环变量的增量是否正确；何时退出内层循环；何时退出外循环。

（4）不规则循环。不能对这种循环进行测试，需要将其重新设计成结构化的程序后再进行测试。

3）基本路径测试

基本路径测试是在程序控制流图的基础上，通过分析控制构造的环路复杂性，导出基本可执行路径集合，从而设计测试用例。设计出的测试用例要保证对测试程序的语句覆盖和条件覆盖都达到100%，使每条可能执行到的路径都至少执行一次，实现覆盖程序中所有路径的彻底测试。

2. 黑盒测试技术

1）等价类划分

（1）划分等价类。

①在输入条件规定了取值范围或值的个数的情况下，可以确立一个有效等价类和两个无效等价类。

②在输入条件规定了输入值的集合或者规定了"必须如何"的条件的情况下，可确立一个有效等价类和一个无效等价类。

③在输入条件是一个布尔量的情况下，可确定一个有效等价类和一个无效等价类。

④在规定了输入数据的一组值（假定 n 个），并且程序要对每一个输入值分别处理的

情况下，可确立 n 个有效等价类和一个无效等价类。

⑤在规定了输入数据必须遵守的规则的情况下，可确立一个有效等价类（符合规则）和若干个无效等价类（从不同角度违反规则）。

⑥在确知已划分的等价类中各元素在程序处理中的方式不同的情况下，应再将该等价类进一步划分为更小的等价类。

（2）确定测试用例。

①为每一个等价类编号。

②设计一个测试用例，使其尽可能多地覆盖尚未被覆盖过的合理等价类。重复此步，直到所有合理等价类被测试用例覆盖。

③设计一个测试用例，使其只覆盖一个不合理等价类。

2）边界值分析

使用边界值分析方法设计测试用例时一般与等价类划分结合使用，但它不是从一个等价类中任选一个例子作为代表，而是将测试边界情况作为重点目标，选取正好等于、刚刚大于或刚刚小于边界值的测试数据。

（1）如果输入条件规定了值的范围，那么可以选择正好等于边界值的数据作为合理的测试用例，同时要选择刚好越过边界值的数据作为不合理的测试用例，如输入值的范围是 [1, 100]，可取 0、1、100、101 等值作为测试数据。

（2）如果输入条件指出了输入数据的个数，那么按最大个数、最小个数、比最小个数少 1、比最大个数多 1 等情况分别设计测试用例。例如，一个输入文件可包括 1～255 个记录，则分别设计有 1 个记录、255 个记录，以及 0 个记录的输入文件的测试用例。

（3）对每个输出条件分别按照以上原则（1）或（2）确定输出值的边界情况。例如，一个学生成绩管理系统规定，只能查询 95～98 级大学生的各科成绩，可以设计测试用例，使得查询范围内的某一届或四届学生的成绩，还需设计查询 94 级、99 级学生成绩的测试用例（不合理输出等价类）。

由于输出值的边界不与输入值的边界相对应，所以要检查输出值的边界不一定可能，要产生超出输出值之外的结果也不一定能做到，但必要时还需试一试。

（4）如果程序的规格说明给出的输入值或输出值是有序集合（如顺序文件、线性表、链表等），那么应选取集合的第一个元素和最后一个元素作为测试用例。

3）错误推测

在测试程序时，人们可能根据经验或直觉推测程序中可能存在的各种错误，从而有针对性地编写检查这些错误的测试用例，这就是错误推测法。

4）因果图

等价类划分和边界值法都只是孤立地考虑各个输入数据的测试功能，而没有考虑多个输入数据的组合引起的错误。

5）综合策略

每种方法都能设计出一组有用例子，用这组例子容易发现某种类型的错误，但可能不易发现另一类型的错误。因此，在实际测试中，联合使用各种测试方法，形成综合策略，通常先用黑盒测试法设计基本的测试用例，再用白盒测试法补充一些必要的测试用例。

5.3　测试用例的管理

测试用例最终是为实现有效的测试而服务的，那么，如何将这些测试用例完整地结合到测试过程中加以使用，这就涉及测试用例的组织、跟踪、维护和评价问题。

5.3.1　测试用例的组织

在整个测试设计和执行过程中，可能涉及很多不同类型的测试用例，这要求能有效地对这些测试用例进行组织。为了组织好测试用例，必须了解测试用例所具有的属性。不同的阶段，测试用例的属性也不同，如图 5-1 所示。

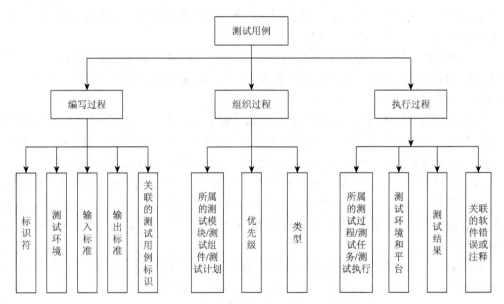

图 5-1　各个阶段所表现的测试用例属性

基于这些属性，可以采用数据库方式有效地管理测试用例。

（1）测试用例的编写过程，包括标识符、测试环境、输入标准、输出标准、关联的测试用例标识。

（2）测试用例的组织过程，包括所属的测试模块/测试组件/测试计划、优先级、类型等。

（3）测试用例的执行过程，包括所属的测试过程/测试任务/测试执行、测试环境和平台、测试结果、关联的软件错误或注释。

其中，标识符、测试环境、输入标准、输出标准等构成了测试用例的基本要素，而其他具体属性，下面给予详细的说明。

（1）优先级。优先级越高，被执行的时间越早、执行的频率越高。由最高优先级的测试用例组合构成基本验证测试（basic verification test，BVT），每次构建软件包时，都要被执行一遍。

（2）目标性。包括功能性、容错性、数据迁移等各方面的测试用例。

（3）所属的范围。属于哪一个组件或模块，这种属性可以和需求、设计等联系起来，有利于整个软件开发生命周期的管理。

（4）关联性。测试用例一般和软件产品特性相联系，通过这种关联性可以了解每个功能点是否有测试用例的覆盖、有多少个测试用例覆盖，从而确定测试用例的覆盖率。

（5）阶段性。属于单元测试、集成测试、系统测试、验收测试中某一个阶段，这样可以针对阶段性测试任务快速构造测试用例集合，用于执行。

（6）状态。当前是否有效。若无效，则被置于“inactive”状态，不会被运行，只有激活（active）状态的测试用例才被运行。

（7）时效性。功能不同的版本所适用的测试用例可能不相同，因为产品功能在一些新版本可能会发生变化。

（8）所有者、日期等特性。描述测试用例是由谁、在什么时间创建和维护的。

如何进行测试用例的组织？组织测试用例的方法，一般采用自顶向下的方法。首先在测试计划中确定测试策略和测试用例设计的基本方法，有时会根据功能规格说明书来编制测试规格说明书，如图 5-2 所示，而多数情况下会直接根据功能规格说明书来编写具体的测试用例。

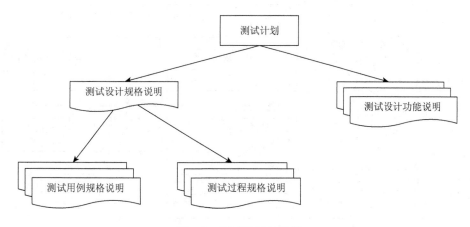

图 5-2　测试用例的组织

在测试用例组织和执行过程中，还需要引入一个新概念——测试套件（test suite）。测试套件是根据特定的测试目标和任务而构造的某个测试用例的集合。这样，为完成相应的测试任务或达到某个测试目标，只要执行所构造的测试套件，使执行任务更明确、更简单，有利于测试项目的管理。测试套件可以根据测试目标、测试用例特性和属性（优先级、层次、模块等），来选择不同的测试用例，构成满足特定测试任务要求的测试套件，如基本功能测试套件、负面测试套件、Mac 平台兼容性测试套件等。

那么如何构造有效的测试套件呢？通常情况下，使用以下几种方法来组织测试用例。

（1）按照程序的功能模块组织。软件产品是由不同的功能模块构造的，因此按照程序的功能模块进行测试用例的组织是一种很好的方法。将属于不同模块的测试用例组织在一起，能够很好地检查测试所覆盖的内容，准确地执行测试计划。

（2）按照测试用例的类型组织。将不同类型的测试用例按照类型进行分类组织测试，也是一种常见的方法。测试过程中，可以将功能/逻辑测试、压力/负载测试、异常测试、兼容性测试等具有相同类型的用例组织起来，形成每个阶段或每个测试目标所需的测试用例组或集合。

（3）按照测试用例的优先级组织。和软件错误相类似，测试用例拥有不同的优先级，可以按照测试过程的实际需要，定义测试用例的优先级，从而使得测试过程有层次、有主次地进行。

以上各种方式中，根据程序的功能模块进行组织是最常用的方法，同时可以将三种方式混合起来，灵活运用。例如，可以先按照不同的程序功能模块将测试用例分成若干个模块，再在不同模块中划分出不同类型的测试用例，按照优先级顺序进行排序，这样就能形成一个完整而清晰的组织框架。

图 5-3 体现了测试用例组织和测试过程的关系，这是基于前面的测试用例特性分析，以及如何有效地完成测试获得的。

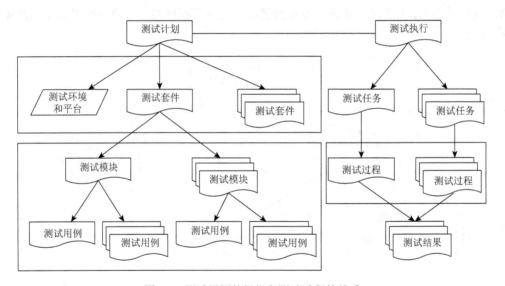

图 5-3　测试用例的组织和测试过程的关系

这个过程可以简单描述如下：

（1）测试模块由该模块的各种测试用例组织起来。

（2）多个测试模块组成测试套件（测试单元）。

（3）测试套件加上所需要的测试环境和测试平台需求组成测试计划。

（4）测试计划确定后，就可以确定相应的测试任务。

（5）将测试任务分配给测试人员。

（6）测试人员执行测试任务、完成测试过程，并报告测试结果。

5.3.2　测试用例的跟踪

在测试执行开始之前，测试经理应该能够回答下面一些问题：

（1）整个测试计划包括哪些测试组件。

（2）测试过程中有多少测试用例要执行。

（3）在执行测试过程中，使用什么方法来记录测试用例的状态。

（4）如何挑选出有效的测试用例来对某些模块进行重点测试。

（5）上次执行的测试用例通过率是多少，哪些是未通过的测试用例。

根据这些问题，对测试执行做到事先心中有数，有利于跟踪测试用例执行的过程，控制好测试的进度和质量。

前面提到，测试过程中测试用例有三种状态——通过（pass）、未通过（fail）和未测试（not done）。根据测试执行过程中测试用例的状态，针对测试用例的执行和输出而进行跟踪，从而达到测试过程的可管理性以及完成测试有效性的评估。跟踪测试用例，包括以下两个方面的内容。

（1）测试用例执行的跟踪。良好的测试用例自身具有易组织性、可评估性和可管理性，实现测试用例执行过程的跟踪可以有效地将测试过程量化。例如，在一轮测试执行中，需要知道总共执行了多少个测试用例，每个测试人员平均每天能执行多少个测试用例，测试用例中通过、未通过及未测试的各占多少比例，测试用例不能被执行的原因是什么，当然，这是个相对的过程，测试人员工作量的跟踪不应该仅凭借测试用例的执行情况和发现程序缺陷多少来判定，但至少可以通过测试执行情况的跟踪大致判定当前的项目进度和测试的质量，并能对测试计划的执行做出准确的推断，以决定是否需要调整。

（2）测试用例覆盖率的跟踪。测试用例的覆盖率指的是根据测试用例进行测试的执行结果与实际软件存在问题的比较，从而实现对测试有效性的评估。

如图 5-4 所示，在一个测试执行中，92%的测试用例通过测试，5%的测试用例未通过测试，3%的测试用例未测试。在发现的软件缺陷和错误中，有90%通过测试用例检测出来，而有10%通过测试用例未检验出来，此时，需要对这些软件错误进行分类和数据分析，完善测试用例，从而提高测试结果的准确性，使问题遗漏的可能性最小化。

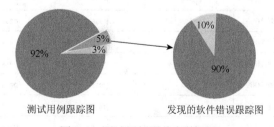

测试用例跟踪图　　　　　　发现的软件错误跟踪图

图 5-4　测试用例覆盖率的跟踪

图 5-5 是针对每个测试模块的测试用例跟踪示意图。通过对比可以发现：模块 2 有10%的测试用例未通过，20%的测试用例未测试；模块 3 有30%的测试用例未通过，20%

的测试用例未测试。它们的未通过率和未测试率都比较高,此时测试经理需要对这两个模块的测试用例以及测试过程进行分析,是这个模块的测试用例设计不合理,还是模块本身存在太多的软件缺陷。根据实际的数据分析,可以对这两个模块重新进行单独测试,通过纵向的数据比较,来实现软件质量的管理和改进。

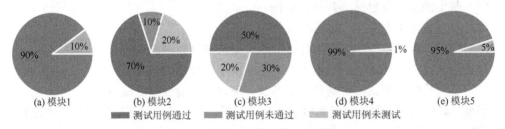

图 5-5　模块测试用例跟踪示意图

　　凭借个人的记忆来跟踪测试用例,几乎是不可能的,所以一般会采用下列方法来跟踪测试用例。

　　(1)书写文档。在比较小规模的测试项目中,使用书面文档记录和跟踪测试用例是一种可行的方法,测试用例清单的列表和图例也可以被有效地使用,但作为组织和搜索数据进行分析时,将会遇到很大的困难。

　　(2)电子表格。另一种流行而高效的方法是使用电子表格来跟踪和记录测试的过程。如表 5-5 所示是一个测试跟踪表样例,通过表格列出测试用例的跟踪细节,可以直观地看到测试的结果,包括关联的缺陷,然后利用电子表格的功能进行汇总、统计分析,为测试管理和软件质量评估提供有价值的数据。

表 5-5　测试跟踪表样例

测试组件/测试用例		测试结果 (2018-1-18)	测试结果 (2018-2-1)	测试结果 (2018-2-10)	软件缺陷列表
模块 1	测试用例 1001	pass	pass	pass	
	测试用例 1002	pass	pass	pass	
	测试用例 1003	pass	pass	pass	
	测试用例 1004	fail	pass	pass	8
	测试用例 1005	pass	pass	pass	
	测试用例 1006	pass	pass	pass	
	测试用例 1007	fail	fail	pass	9, 14
	测试用例 1008	pass	pass	pass	
	测试用例 1009	pass	pass	pass	
	测试用例 1010	pass	pass	pass	
模块 2	测试用例 2001	pass	pass	pass	
	测试用例 2002	fail	pass	pass	22
	测试用例 2003	pass	pass	pass	
	测试用例 2004	pass	pass	pass	

续表

测试组件/测试用例		测试结果 （2018-1-18）	测试结果 （2018-2-1）	测试结果 （2018-2-10）	软件缺陷列表
模块 2	测试用例 2005	pass	pass	pass	
	测试用例 2006	pass	pass	pass	
	测试用例 2007	fail	fail	fail	24, 28, 29
	测试用例 2008	pass	pass	pass	
	测试用例 2009	pass	pass	pass	
	测试用例 2010	pass	pass	pass	

（3）数据库是最理想的一种方式，通过基于数据库的测试用例管理系统，非常容易跟踪测试用例的执行和计算覆盖率。测试人员通过浏览器将测试的结果提交到系统中，并通过自己编写的工具生成报表、分析图等，能更有效地管理和跟踪整个测试过程。

5.3.3　测试用例的维护

测试用例不是一成不变的，当一个阶段测试过程结束后，或多或少会发现一些测试用例编写得不够合理，需要完善。而在同一个产品新版本测试中要尽量使用已有的测试用例，但某些原有功能已发生了变化时，也需要去修改那些受功能变化影响的测试用例，使之具有良好的延续性。所以，测试用例的维护工作是不可缺少的。测试用例的更新，可能处于不同的原因。由于原因不同，其修改时间、优先级也会有所不同，详见表 5-6。

表 5-6　测试用例维护情况一览表

原因	修改时间	优先级
先前的测试用例设计不全面或者不够准确，随着测试过程的深入和对产品功能特性的更好理解，发现测试用例存在一些逻辑错误，需要纠正	测试过程中	高，需要及时更新
所发现的、严重的软件缺陷没有被目前的测试用例所覆盖	测试过程中	高，需要及时更新
新的版本中添加新功能或者原有功能的增强，要求测试用例做相应的改动	测试过程中	高，需要在测试执行前更新
测试用例不规范或者描述语句有错误	测试过程中	中，尽快修复，以免引起误解
旧的测试用例已经不再使用，需要删除	测试过程中	中，尽快修复，以提高测试效率

维护测试用例的过程是实时的、长期的，和编写测试用例不同，维护测试用例一般不涉及测试结构的大改动。例如，在某个模块里面，如果先前的测试用例已经不能覆盖目前的测试内容，那么需要重新定义一个独立的测试模块单元来重新组织新的测试用例。但在系统功能进行重构时，测试用例也会随之重构。测试用例的维护流程如图 5-6 所示，步骤如下：

（1）如果人员（包括开发人员、产品设计人员等）发现测试用例有错误或者不合理，则向编写者提出测试用例修改建议，并提供足够的理由。

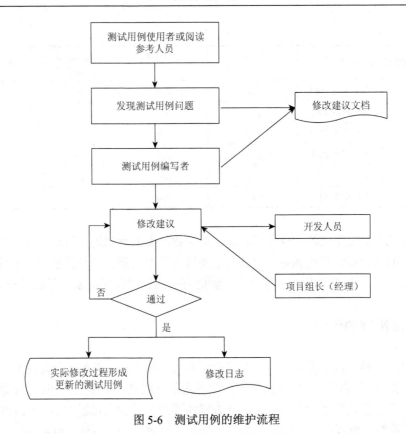

图 5-6 测试用例的维护流程

（2）测试用例编写者（修改者）根据测试用例的关联性和修改意见，对特定的测试用例进行修改。

（3）向开发人员、项目组长（经理）递交修改后的测试用例。

（4）项目组长（经理）、开发人员以及测试用例编写者进行复核后提出意见，通过后，由测试用例编写者进行最后的修改，并提供修改后的文档和修改日志。

5.3.4 测试用例的评价

测试用例设计出来后，如何提高测试用例设计的质量，就像软件产品需要通过各种手段来保证质量一样，测试用例的质量保证也需要综合使用各种手段和方法。

（1）测试用例的检查可以有多种方式，但是最敏捷的当属临时的同行评审。同行评审，尤其是临时的同行评审，应该演变成类似结对编程一样的方式，从而体现敏捷的"个体和交互比过程和工具更有价值"，要强调测试用例设计者之间的思想碰撞，通过讨论、协作来完成测试用例的设计，原因很简单，测试用例的目的是尽可能全面地覆盖需求，而测试人员总会存在某方面的思维缺陷，一个人的思维总是存在局限性，因此需要一起设计测试用例。

（2）除了同行评审，还应该尽量引入用户参与测试用例的设计，让用户参与评审，从而体现敏捷的"顾客的协作比合同谈判更有价值"这一原则。这里顾客的含义比较广泛，关键在于如何定义测试,如果测试是对产品的批判,则顾客应该指最终用户或顾客代表(在内部可以是市场人员或领域专家);如果测试是对开发提供帮助和支持,那么顾客显然就是程序开发人员。

(3)测试用例的评价质量因素包括测试用例的覆盖率、测试用例的有效性、测试用例描述的清晰程度、测试用例的可理解性、测试用例的可维护性等。

测试用例的覆盖率是评估测试过程以及测试计划的一个参考依据,它根据测试用例对测试的执行结果与软件实际存在的问题进行比较,从而获得测试有效的评估结果。例如,确定哪些测试用例是在发现缺陷之后再补充进来的,这样就可以基本给出测试用例的覆盖率:

测试用例的覆盖率 = 发现缺陷后补充的测试用例数/总的测试用例数

如果想更科学地判断测试用例的覆盖率,可以通过测试工具来监控测试用例执行的过程,然后根据获得的代码行覆盖率、分支或条件覆盖率来确定测试用例的覆盖率。

需要对低覆盖率的测试用例进行数据分析,找出问题的根本原因,从而更有针对性地修改测试用例,更有效地组织测试过程。例如,通过了解哪些缺陷没有测试用例覆盖,可以针对这些缺陷添加相应的测试用例,这样就可以提高测试用例的质量。

当然,测试用例的覆盖率并非一个绝对的判定因素,它对整个测试过程起到一个分析、参考的作用,应该知道,将测试用例的覆盖率作为检验测试过程和代码质量的依据是不够准确或充分的。

小　结

测试用例是为了实现测试有效性的一种最基本的手段。好的测试用例可以帮助测试人员更快地发现缺陷,并在测试过程中不断被重复使用。同时在测试过程中可以通过对测试用例的组织和跟踪来完成对测试工作的量化和管理。本章从软件测试实践中一些常用的测试用例设计思想、方法和组织角度,阐述了如何设计测试用例。

习　题

1. 简述测试用例在测试过程中的作用。
2. 设计测试用例时需要遵循的原则有哪些?
3. 标准的测试用例是由哪些元素构成的?
4. 常用的测试用例组织方法有哪些?
5. 如何有效地维护测试用例?
6. 如何度量测试用例的覆盖率?

第6章 软件测试项目管理

软件测试项目管理，一方面具有软件项目管理的共性，另一方面也具有软件测试自身的管理特点。软件测试项目管理是软件工程的保护性活动，它先于任何测试活动而开始，且持续贯穿于整个测试项目的定义、计划和测试之中。

本章将主要介绍以下内容：软件测试项目管理概述、软件测试文档、软件测试组织与人员管理、软件测试过程管理、软件测试配置管理、软件测试风险管理、软件测试成本管理。

6.1 软件测试项目管理概述

测试项目是指在一定的组织机构内，利用有限的人力和财力等资源，在指定的环境和要求下，对特定软件完成特定测试目标的阶段性任务。该任务应满足一定质量、数量和技术指标等要求。

测试项目一般具有如下一些基本特性：

（1）独特性。

（2）组织性。

（3）具有生命周期。

（4）资源消耗特性。

（5）目标冲突性。

（6）结果的不确定性。

测试项目管理就是以测试项目为管理对象，通过一个临时性的专门测试组织，运用专门的软件测试知识、技能、工具和方法，对测试项目进行计划、组织、执行和控制，并在时间成本、软件测试质量等方面进行分析和管理活动（一种高级管理方法）。测试项目管理贯穿于整个测试项目的生命周期，是对测试项目的全过程进行管理。

测试项目管理有以下基本特征：

（1）系统工程的思想贯穿于测试项目管理的全过程。

（2）测试项目管理的组织有一定的特殊性。

（3）测试项目管理的要点是创造和保持一个使测试工作顺利进行的环境，使置身于这个环境中的人员能在集体中协调工作以完成预定的目标。

（4）测试项目管理的方法、工具和技术手段具有先进性。

测试项目范围管理就是界定项目所必须包含且只需包含的全部工作，并对其他测试项目管理工作起指导作用，以确保测试工作顺利完成。

项目目标确定后，下一步就是确定需要执行哪些工作或者活动来完成项目的目标，也就是要确定一个包含项目所有活动在内的一览表。准备这样的一览表通常有两种方法：一种是让测试小组利用"头脑风暴法"根据经验，集思广益来形成，这种方法比较适合小型测试项目；另一种是对更大、更复杂的项目建立一个工作分解结构（work breakdown statement，WBS）和任务的一览表。工作分解结构是将一个软件测试项目分解成易于管理的更多部分或细目，所有这些细目构成了整个软件测试项目的工作范围。工作分解结构是进行范围规划时所使用的重要工具和技术之一，它是测试项目团队在项目期间要完成或生产出的最终细目的等级树，它组织并定义了整个测试项目的范围，未列入工作分解结构的工作将排除在项目范围之外。

进行工作分解是非常重要的工作，它在很大程度上决定项目能否成功。对于细分的所有项目要素需要统一编码，并按规范化进行要求。这样，工作分解结构的应用将给所有的项目管理人员提供一个一致的基准，即使项目人员变动时，也有一个可以互相理解和交流沟通的平台。

6.2　软件测试文档

测试文档是对要执行的软件测试及测试结果进行描述、定义、规定和报告的任何书面或图示信息。由于软件测试是一个很复杂的过程，也涉及软件开发中一些其他阶段的工作，所以必须把对软件测试的要求、规划、测试过程等有关信息和测试的结果，以及对测试结果的分析、评价，以正式的文档形式给出。

测试文档对于测试阶段工作的指导与评价作用是非常明显的。需要特别指出的是，在已开发的软件投入运行的维护阶段，常常还要进行再测试或回归测试，这时还会用到测试文档。测试文档的编写是测试管理的一个重要组成部分。

6.2.1　测试文档的作用

测试文档的重要作用可从以下几个方面看出：
（1）促进项目组成员之间的交流沟通。
（2）便于对测试项目的管理。
（3）决定测试的有效性。
（4）检验测试资源。
（5）明确任务的风险。
（6）评价测试结果。
（7）方便再测试。
（8）验证需求的正确性。

6.2.2　测试文档的类型

根据测试文档所起的作用不同，通常把它分成两类，即前置作业文档和后置作业文档。

测试计划及测试用例的文档属于前置作业文档。后置作业文档是在测试完成后提交的，主要包括软件缺陷报告和分析总结报告。

6.2.3　主要的软件测试文档

1. 软件测试文档模板

图 6-1 所示为软件测试文档模板。

```
        IEEE 829—1998软件测试文档编制标准
                软件测试文档模板

    目录
    测试计划
    测试设计规格说明
    测试用例规格说明文档
    测试规程
    测试日志
    测试缺陷报告
    测试总结报告
```

图 6-1　软件测试文档模板

2. 软件测试计划文档模板

测试计划主要对软件测试项目、所需要进行的测试工作、测试人员所应该负责的测试工作、测试过程、测试所需的时间和资源，以及测试风险等做出预先的计划和安排。图 6-2 所示是软件测试计划文档模板。

```
        IEEE 829—1998软件测试文档编制标准
              软件测试计划文档模板

    目录
    1. 测试计划标识符
    2. 介绍
    3. 测试项
    4. 需要测试的功能
    5. 方法（策略）
    6. 不需要测试的功能
    7. 测试项通过/失败的标准
    8. 测试中断和恢复的规定
    9. 测试完成所提交的材料
    10. 测试任务
    11. 环境需求
    12. 职责
```

图 6-2　软件测试计划文档模板

3. 软件测试设计规格说明文档模板

测试设计规格说明用于每个测试等级，以指定测试集的体系结构和覆盖跟踪。图 6-3 所示是软件测试设计规格说明文档模板。

```
              IEEE 829—1998软件测试文档编制标准
                软件测试设计规格说明文档模板


          目录
          测试设计规格说明标识符
          待测试特征
          方法细化
          测试标识
          通过/失败准则
```

图 6-3　软件测试设计规格说明文档模板

4. 软件测试用例规格说明文档

软件测试用例规格说明文档用于描述测试用例。图 6-4 所示是软件测试用例规格说明文档模板。

```
              IEEE 829—1998软件测试文档编制标准
                软件测试用例规格说明文档模板



          目录
          测试用例规格说明标识符
          测试项
          输入规格说明
          输出规格说明
          环境要求
          特殊规程需求
          用例之间的相关性
```

图 6-4　软件测试用例规格说明文档模板

5. 软件测试规程说明文档

软件测试规程说明文档用于指定执行一个测试用例集的步骤。

6. 软件测试日志文档

由于记录测试的执行情况不同，可根据需要决定是否选用测试日志，形成软件测试日志文档。

7. 软件测试缺陷报告

软件测试缺陷报告用来描述出现在测试过程或软件中的异常情况，这些异常情况可能存在于需求、设计、代码、文档或测试用例中。

8. 测试总结报告

测试总结报告用于报告某个测试的完成情况。

6.3　软件测试的组织与人员管理

从软件的生命周期看，测试往往是指对程序的测试，这样做的优点是被测对象明确，测试的可操作性较强。但是，由于测试的依据是规格说明书、文档和使用说明书，如果设计有错误，测试的质量就难以保证。即使测试后发现是设计的错误，这时，修改的代价是相当昂贵的。因此，较理想的做法应该是对软件的开发过程，按软件工程各阶段形成的结果，分别进行严格的审查。

为了确保软件的质量，应对各个过程进行严格的管理。虽然测试是在实现且验证后进行的，但是在实际工作中，测试的准备工作在分析和设计阶段就开始了。

6.3.1　测试的过程

当设计工作完成以后，就应该着手测试的准备工作了，一般来讲，由一位对整个系统设计熟悉的设计人员编写测试大纲，明确测试的内容和测试通过的准则，设计完整合理的测试用例，以便系统实现后进行全面测试。

在实现组将所开发的程序验证后，提交测试组，由测试负责人组织测试。测试一般可按下列方式组织。

（1）测试人员仔细阅读有关资料，包括规格说明、设计文档、使用说明书及在设计过程中形成的测试大纲、测试内容及测试的通过准则，全面熟悉系统，编写测试计划，设计测试用例，做好测试前的准备工作。

（2）为了保证测试的质量，将测试过程分成几个阶段，即代码会审、单元测试、集成测试和验收测试。

①代码会审。代码会审是由一组人通过阅读、讨论和争议对程序进行静态分析的过程。会审小组由组长、2～3名程序设计人员、测试人员及程序开发人员组成。会审小组在充分阅读待审程序文本、控制流程图及有关要求、规范等文件基础上，召开代码会审会，程序开发人员逐句讲解程序的逻辑，并展开热烈讨论甚至争议，以揭示错误的关键所在。实践表明，程序开发人员在讲解过程中能发现许多自己原来没有发现的错误，而讨论和争议则进一步促使了问题的暴露。例如，对某个局部性小问题修改方法的讨论，可能发现与之有牵连的甚至能涉及模块的功能说明、模块间接口和系统总结构的大问题，导致对需求定义的重定义、重设计验证，大大改善了软件的质量。

②单元测试。单元测试集中在检查软件设计的最小单位——模块上，通过测试发现实现该模块的实际功能与定义该模块的功能说明不符合的情况，以及编码的错误。由于模块规模小、功能单一、逻辑简单，测试人员有可能通过模块说明书和源程序，清楚地了解该模块的输入输出条件和模块的逻辑结构，采用结构测试（白盒测试法）的用例，尽可能达到彻底测试，然后辅之以功能测试（黑盒测试法）的用例，使之对任何合理和不合理的输入都能鉴别和响应。高可靠性的模块是组成可靠系统的坚实基础。

③集成测试。集成测试是将模块按照设计要求组装起来同时进行测试，主要目标是发现与接口有关的问题，例如，数据穿过接口时可能丢失；一个模块与另一个模块可能有由于疏忽问题而造成有害的影响；把子功能组合起来可能不产生预期的主功能；个别看起来是可以接受的误差可能积累到不能接受的程度；全程数据结构可能有错误等。

④验收测试。验收测试的目的是向未来的用户表明系统能够像预定要求那样工作。经

集成测试后,已经按照设计把所有的模块组装成一个完整的软件系统,接口错误也已经基本排除了,接着就应该进一步验证软件的有效性,这就是验收测试的任务,即软件的功能和性能如同用户所合理期待的那样。

经过上述测试过程对软件进行测试后,软件基本满足开发的要求,测试宣告结束,经验收后,将软件提交用户。

6.3.2　测试方法的应用

集成测试及其后的测试阶段,一般采用黑盒测试法。其策略包括:

(1)用边值分析法和(或)等价分类法提出基本的测试用例。

(2)用猜测法补充新的测试用例。

(3)如果在程序的功能说明中含有输入条件的组合,那么在一开始就用因果图法,再按步骤(1)(2)进行。

单元测试的设计策略稍有不同,因为在为模块设计程序用例时,可以直接参考模块的源程序,所以单元测试的策略,总是把白盒测试法和黑盒测试法结合运用。具体做法有两种。

第 1 种:先仿照上述步骤用黑盒测试法提出一组基本的测试用例,然后用白盒测试法做验证。如果发现用黑盒测试法产生的测试用例未能满足所需的覆盖标准,那么用白盒测试法增补新的测试用例来满足它们。覆盖的标准应该根据模块的具体情况确定。对可靠性要求较高的模块,通常要满足条件组合覆盖或路径覆盖标准。

第 2 种:先用白盒测试法分析模块的逻辑结构,提出一批测试用例,然后根据模块的功能用黑盒测试法进行补充。

6.3.3　测试的人员组织

为了保证软件的开发质量,软件测试应贯穿于软件定义与开发的整个过程。因此,对分析、设计和实现等各阶段所得到的结果,包括需求规格说明、设计规格说明及源程序都应进行软件测试。基于此,测试人员的组织也应是分阶段的。

(1)软件的设计和实现都是基于需求分析规格说明进行的。需求分析规格说明是否完整、正确、清晰是软件开发成败的关键。为了保证需求定义的质量,应对其进行严格的审查。审查工作由专门的审查小组完成,审查小组由下列人员组成。

组长:1 人。

成员:包括系统分析人员、软件开发管理人员、软件设计人员、软件开发人员、软件测试人员和用户。

(2)设计评审。软件设计是将软件需求转换成软件表示的过程,主要描绘出系统结构、详细的处理过程和数据库模式。需要按照需求的规格说明对系统结构的合理性、处理过程的正确性进行评价,同时利用关系数据库的规范化理论对数据库模式进行评审。评审工作由专门的评审小组完成,评审小组由下列人员组成。

组长：1 人。

成员：包括系统分析人员、软件设计人员、测试负责人员各一人。

（3）程序的测试。软件测试是整个软件开发过程中交付用户使用前的最后阶段，是软件质量保证的关键。软件测试在软件生命周期中横跨两个阶段，通常在编写出每一个模块之后，就对它进行必要的测试（单元测试）。编码与单元测试属于软件生命周期中的同一阶段，该阶段的测试工作，由编程小组内部人员进行交叉测试（避免编程人员测试自己的程序）。这一阶段结束后，进入软件生命周期的测试阶段，对软件系统进行各种综合测试。测试工作由专门的测试小组完成，测试小组由下列人员组成。

组长：1 人，负责整个测试的计划、组织工作。

成员：3～5 人，由具有一定的分析、设计和编程经验的专业人员组成。

6.3.4　软件测试文件

软件测试文件描述要执行的软件测试及测试的结果。由于软件测试是一个很复杂的过程，也是涉及软件开发其他阶段的工作，对于保证软件的质量及其运行有着重要意义，必须把对它们的要求、过程及测试结果以正式的文件形式写出。测试文件的编写是测试工作规范化的一个组成部分。

测试文件不只在测试阶段才考虑，它在软件开发的需求分析阶段就开始着手，因为测试文件与用户有着密切的关系。在设计阶段的一些设计方案也应在测试文件中得到反映，以利于设计的检验。测试文件对于测试阶段工作的指导与评价作用更是非常明显的。需要特别指出的是，在已开发的软件投入运行的维护阶段，常常还要进行再测试或回归测试，这时仍需用到测试文件。

1. 测试文件的类型

根据测试文件所起的作用不同，通常把测试文件分成两类，即测试计划和测试分析报告。测试计划详细规定测试的要求，包括测试的目的和内容、方法和步骤，以及测试的准则等。由于要测试的内容可能涉及软件的需求和软件的设计，所以必须及早开始测试计划的编写工作。不应在着手测试时，才开始考虑测试计划。通常，测试计划的编写从需求分析阶段开始，到软件设计阶段结束时完成。测试分析报告用来对测试结果进行分析说明，经过测试后，证实软件具有的能力，以及它的缺陷和限制，并给出评价的结论性意见。这些意见既是对软件质量的评价，又是决定该软件能否交付用户使用的依据。由于要反映测试工作的情况，测试分析报告自然要在测试阶段编写。

2. 测试文件的使用

使用测试文件的重要性表现在以下几个方面：

（1）验证需求的正确性。测试文件中规定了用以验证软件需求的测试条件。研究这些测试条件对弄清用户需求的意图是十分有益的。

（2）检验测试资源。测试计划不仅要用文件的形式把测试过程规定下来，还应说明测试工作必不可少的资源,进而检验这些资源是否可以得到,即它们的可用性如何。如果某个测试计划已经编写出来,但所需资源仍未落实,那就必须及早解决。

（3）明确任务的风险。有了测试计划,就可以弄清楚测试可以做什么,不能做什么。了解测试任务的风险有助于对潜伏的可能出现的问题事先做好思想上和物质上的准备。

（4）生成测试用例。测试用例的好坏决定着测试工作的效率,选择合适的测试用例是做好测试工作的关键。在测试文件编制过程中,按规定的要求精心设计测试用例有重要的意义。

（5）评价测试结果。测试文件包括测试用例,即若干测试数据及对应的预期测试结果。完成测试后,将测试结果与预期的结果进行比较,便可对已进行的测试提出评价意见。

（6）再测试。测试文件规定的和说明的内容对维护阶段由于各种原因的需求进行再测试,是非常有用的。

（7）决定测试的有效性。完成测试后,把测试结果写入文件,这给分析测试的有效性,甚至整个软件的可用性提供了依据,同时可以证实有关方面的结论。

3. 测试文件的编写

在软件的需求分析阶段,就开始测试文件的编写工作,各种测试文件的编写应按一定的格式进行。

6.4　软件测试过程

6.4.1　测试过程管理

软件测试过程管理如图 6-5 所示。

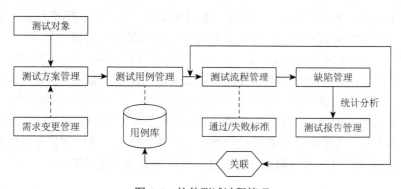

图 6-5　软件测试过程管理

根据测试需求、测试计划,对测试过程中每个状态进行记录、跟踪和管理,并提供相关的分析和统计功能,生成和打印各种分析统计报表。通过对详细记录的分析,形成较为完整的软件测试管理文档,避免同样的错误在软件开发过程中再次发生,从而提高软件的开发质量。

6.4.2　测试过程管理理念

生命周期模型为我们提供了软件测试的流程和方法，为测试过程管理提供了依据。但实际的测试工作是复杂而烦琐的，可能不会有哪种模型完全适用于某项测试工作。所以，应该从不同的模型中抽象出符合实际现状的测试过程管理理念，依据这些理念来策划测试过程，以不变应万变。当然，测试过程管理涉及的范围非常广泛，包括过程定义、人力资源管理、风险管理等，下面介绍几种管理理念。

1. 尽早测试

"尽早测试"是从 W 模型中抽象出来的理念。测试并不是在代码编写完成之后才开展的工作，测试与开发是两个相互依存的并行的过程，测试活动已经在开发活动的前期开展。

"尽早测试"有两方面的含义：第一，测试人员早期参与软件项目，及时开展测试的准备工作，包括编写测试需求、制订测试计划以及准备测试用例；第二，尽早开展测试执行工作，一旦代码模块完成就应该及时开展单元测试，一旦代码模块被集成为相对独立的子系统便可以开展集成测试，一旦有新版本提交便可以开展系统测试工作。

由于及早地开展了测试准备工作，测试人员能够较早地了解测试的难度、预测测试风险，从而有效地提高测试效率、规避测试风险等，大大降低缺陷修复成本。但是需要注意，"尽早测试"并非盲目地提前测试活动，测试活动开展的前提是达到必需的测试关键点。

2. 全面测试

软件是程序、数据和文档的集合，那么对软件进行测试，就不仅仅是对程序的测试，还应包括软件"附属产品"的"全面测试"，这是 W 模型中一个重要的思想。需求文档、设计文档作为软件的阶段性产品，直接影响软件的质量。阶段产品质量是软件质量的量的积累，不能把握这些阶段产品的质量将导致最终软件质量的不可控。

"全面测试"也包含两层含义：第一，对软件的所有产品进行全面的测试，包括需求、设计文档、代码、用户文档以及测试进度和测试策略的调整、需求变更等；第二，软件开发及测试人员（有时包括用户）全面参与到测试工作中，并且对测试过程进行全面跟踪，例如，对需求的验证和确认活动，就需要开发、测试及用户的全面参与，毕竟测试活动不仅仅是保证软件运行正确，还要保证软件用户的需求。建立完善的度量和分析机制，通过对测试过程的度量，及时了解测试过程信息，以便调整测试策略等。

3. 独立的、迭代的测试

软件开发瀑布模型只是一种理想状况。为适应不同的需要，人们在软件开发过程中摸索出了如螺旋、迭代等诸多模型，若需求、设计、编码工作是重叠并反复进行的，则测试工作也是迭代和反复的。如果不能将测试从开发中抽象出来进行管理，势必使测试管理陷入困境。

　　软件测试与软件开发是紧密结合的，但并不代表测试是依附于开发的一个过程，测试活动是独立的。"独立的、迭代的测试"着重强调了测试的关键点，也就是说，只要测试条件成熟，测试准备活动完成，测试的执行活动就可以开展。

　　因此，测试人员在遵循尽早测试、全面测试等测试过程管理理念的同时，应当将测试过程从开发过程中适当地抽象出来，作为一个独立的测试过程进行管理。时刻把握独立的、迭代测试的理念，减少因开发模型的繁杂给测试管理工作带来不便。对于软件过程中不同阶段的产品和不同的测试类型，只要测试准备工作就绪，就可以及时开展测试工作，把握产品质量。

6.4.3　测试过程管理实践

　　下面以一个实际项目系统测试过程的几个关键过程管理行为为例，阐述前面提出的测试理念。

　　在一个办公自动化（OA）系统的管理项目中，由于前期需求不明确，开发周期相对较长，为了对项目进行更好的跟踪和管理，项目采用增量和迭代模型进行开发。整个项目开发共分三个阶段完成：第一阶段，实现进销存的简单的功能和工作流；第二阶段，实现固定资产管理、财务管理，并完善第一阶段的进销存管理功能；第三阶段，增加办公自动化的管理。该项目每一阶段工作是对上一阶段成果的一次迭代完善，同时将新功能进行了一次叠加。

　　1. 把握需求

　　在本系统开发过程中，需求的获取和完善贯穿每个阶段。对需求的把握很大程度上决定了软件测试是否能够成功。系统测试不仅仅确认软件是否正确实现功能，同时要确认软件是否满足用户的需要。依据"尽早测试"和"全面测试"原则，在需求的获取阶段，测试人员参与到了对需求的讨论之中。测试人员与开发人员及用户一起讨论需求的完善性与正确性，同时从可测试性角度为需求文档提出建议。这些建议对开发人员来说，是从一个全新的思维角度提出的约束。同时，测试人员结合前期对项目的把握，很容易制订出完善的测试计划和方案，对各阶段产品的测试方法及进度、人员安排进行策划，使整个项目的进展有条不紊。

　　2. 变更控制

　　变更控制体现的是"全面测试"理念。在软件开发过程中，变更往往是不可避免的，变更也是造成软件风险的重要因素。在本系统测试中，仅第一阶段就发生了多次需求变更，调整了多次进度计划。依据"全面测试"理念，测试人员密切关注开发过程，跟随进度计划，变更调整测试策略，依据需求变更及时补充和完善测试用例。由于充分的测试准备工作，在测试执行过程中，没有废弃一个测试用例，测试的进度并没有因为变更而受到过多影响。

　　3. 度量与分析

　　对测试过程的度量与分析同样体现了"全面测试"的理念。对测试过程的度量有利于及时把握项目情况，对过程数据进行分析，很容易发现优缺点，找出需要改进的地方，及时调整测试策略。

在此项目中，测试人员在测试过程中对不同阶段的缺陷数量进行了度量，并分析测试执行是否充分。图 6-6 所示是软件开发与系统测试关系图。通过分析得出：相同时间间隔内发现的缺陷数量呈收敛状态，测试是充分的。在缺陷数量收敛的状态下结束细测是恰当的。

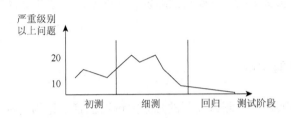

注：通过对每轮测试缺陷数量的度量和分析，可以判断出各个阶段的测试是充分的

图 6-6　软件开发与系统测试关系图

测试中，测试人员对不同功能点的测试数据覆盖率和发现问题数进行度量，以便分析测试用例的充分度与缺陷发现率之间的关系，如表 6-1 所示。对类似模块进行对比发现：某一功能点上所覆盖的测试数据组越多，缺陷的用例发现率越高。如果再结合工作量、用例执行时间等因素进行统计分析，便可以找到适合实际情况的测试用例书写粒度，从而帮助测试人员判断测试成本和收益间的最佳平衡点。

表 6-1　测试数据覆盖率与缺陷发现率对应表

模块名称	功能点数/个	测试数据数/组	测试数据覆盖率/（组/每功能点）	缺陷的用例发现率/%
模块 AA	6	75	12.5	40（6/15）
模块 BB	30	96	3.3	17（7/42）
模块 CC	15	87	5.1	18（5/28）
模块 DD	16	46	2.8	23（5/22）
……	……	……	……	……

注：通过统计可以得出测试数据与缺陷的用例发现率之间的关系，便于及时调整测试用例编写策略。

所有这些度量都是对测试全过程进行跟踪的结果，是及时调整测试策略的依据。对测试过程的度量与分析有效地提高了测试效率，降低了测试风险。同时，度量与分析也是软件测试过程可持续改进的基础。同时，测试人员在整个测试过程中，也加入一些"独立的、迭代的测试"理念。

6.4.4　测试过程可持续改进

软件测试是一项复杂、具有创造性的工作，虽然已有了一些方法、理念，但不都是很完善的，许多问题还有待进一步研究和探索，使用时仍然需要测试人员的经验和创造力，这就注定测试过程也需要不断改进。通过各个组织掌握的测试方法、理念，使测试过程中发现的错误能够及时得到解决，修正产品，使应用系统更加完善，产品的质量更高。掌握了软件测试过程的可持续改进方法，测试过程管理将得到不断完善，测试活动也将始终处于优化状态。

6.5　软件测试配置管理

6.5.1　测试配置管理的必要性

在软件测试中缺少了测试的配置管理是做不好测试工作的。进行软件测试就是为了以最短的时间和最少的人力、物力，尽可能多地发现软件中潜藏着的各种错误和缺陷。但是伴随着软件测试工作量的加大，软件企业仅仅投入更多的人力、物力以及其他各种资源是不够的，还需要思考除此之外怎样才能更好地进行软件测试。为了更好地进行软件测试，应该对测试人员、测试环境、生产环境进行配置管理。只有建立了完整的、合理的软件测试配置管理体系，软件测试工作才能更好地进行，更加完美地完成测试目标。

在软件测试过程中缺少了测试配置管理将会造成极其严重的后果。据实际调查，在日常的软件研发工作中，很多软件企业都会或多或少地在软件测试时遇到问题，而这些问题的产生都是因为在测试过程中缺乏配置管理流程和工具。因为人员具有频繁的流动性，并且在组织的过程中会产生知识和财富的流失，再加上现代社会的激烈竞争，如果一个企业没有设计配置管理流程和使用必要的配置管理工具，就可能会因此而造成不可估量的损失，甚至导致整个软件项目的崩溃。因此，作为一个软件企业，必须要做到及时了解项目的进展状况，对项目进行管理，遇到突发状况能及时解决。软件工程思想发展到现在，认为在软件过程中如果能够越早发现缺陷和风险，所付出的代价就越小。缺乏配置管理流程的一个很明显之处就是测试过程中缺乏并发执行的手段，没有了配置管理的支持，软件过程中的并发执行将会变得十分困难，这时往往会造成修改过的缺陷重复出现，又或者几个人员进行相同的测试工作和进程，从而产生不必要的浪费。如果企业不能很清晰、流畅地对整个软件测试过程进行管理，就会造成测试工作的不同步、不一致。在测试工作中需要测试人员完成的没有完成，而暂时不需要完成或者需要以后完成的却首先完成了，这样会增加测试工作的复杂性和难度，因此需要在软件测试中进行配置管理。

6.5.2　测试配置管理的方法和内容

既然测试配置管理在软件测试中如此重要，那么企业该如何进行测试配置管理呢。首先简单介绍软件测试的配置管理体系。它一般由两种方法构成：应用过程方法和系统方法。意思就是在测试过程中，应该把测试管理单独作为一个系统对待。识别并且管理组成这个系统的每个过程，从而实现在测试工作开始时设定的目标。在上面的基础之上，还要做到使这些过程在测试工作中能够协同作用、互相促进，最终使它们的总体作用更大。在软件测试配置管理中的主要目标是在设定的条件限制下,企业应当尽最大的努力去发现和排除软件缺陷。测试配置管理其实是包含在软件配置管理中的,是软件配置管理的子集。测试配置管理作用于软件测试的各个阶段,贯穿于整个测试过程。它的管理对象包括以下内容:测试方案、测试计划或者测试用例、测试工具、测试版本、测试环境及测试结果等。这些构成了软件测试配置管理的全部内容。

1. 测试配置管理的目标和阶段

软件测试配置管理的目标:第一步是在测试过程中控制和审计测试活动的变更;第二步是在测试过程中随着测试项目的里程碑,同步建立相应的基线;第三步是在测试过程中记录并且跟踪测试活动过程中的变更请求;第四步是在测试过程中针对相应的软件测试活动或者产品,测试人员应将它们标识为"被标识和控制并且是可用的"。

软件测试配置管理的阶段:第一阶段为需求阶段,进行客户需求调研和软件需求分析;第二阶段为设计阶段,进行概要设计和详细设计工作;第三阶段为编码阶段,主要进行编码工作;第四阶段是测试和试运行阶段,在这个阶段进行单元测试、用户手册编写、集成测试、系统测试、安装培训、试运行和安装运行这些工作;第五阶段也就是最后一个阶段,是正式运行及维护阶段,这时要做的是对产品进行发布和不断地维护。

在软件测试过程中会产生很多内容,如测试的相关文档和各测试阶段的工作成果,包括测试计划文档、测试用例,以及自动化测试执行脚本和测试缺陷数据等。为了以后可能进行查阅和修改,应该将这些工作成果和文档保存起来。

2. 测试配置管理的过程管理

了解了软件测试过程中配置管理的目标和阶段,接下来就应该进行软件测试配置过程管理。软件测试配置过程管理包括如下内容。

1)建立配置控制委员会

配置控制委员会(configuration control board,CCB)应该要做到对项目的每个方面都有所了解,并且该委员会不应该由选举产生,它的人员构成包括主席和顾问,在软件研发中每一个项目组都必须建立配置控制委员会作为变更权威。

2)软件配置管理库的建立和使用

要求在每一个项目过程中都要维护一个软件配置管理库。在项目中通常要用到配置管理工具(如 visual sourse safe,VSS),企业通过该工具在配置管理服务器之上建立和使用软件配置管理库。这些操作有助于在技术和管理两个方面对所有的配置项进行控制,并且对它们的发布和有效性起到控制作用。同时,很重要的一点就是应该对软件配置管理库进行备份,这样做的目的是在产生意外或者风险时,能够恢复软件配置管理库。

3)配置状态报告

配置状态报告是软件测试配置管理过程中的一项重要活动。在软件测试配置管理过程中,配置人员要管理和控制所有提交的产品,然后在所有产品提交或者变更完成时,配置人员进行相应的质量检查,这就是配置人员应该进行的工作。而在这之后,配置人员不但要将批准通过的配置项放入基线库中,还要记录配置项及其状态,编写配置状态说明和报告。通过配置人员的这些工作来确保所有应该了解情况的组或者个人能够及时了解相关的信息。

4）评审、审计和发布过程

为了保持软件配置管理库中内容的完整性和高质量，应该采取适当的质量保证活动来应对软件配置管理库中各项的变化，以此来确保在基线发布之前能够执行审计活动。该活动包括基线审计、基线发布和产品构造。

评审、审计和发布过程不但提供了良好的理论知识和清晰的认知，还让测试人员清楚地了解到软件测试过程中应该进行的工作有哪些。要想研发出好的软件，需要进行好的软件测试，而要想进行好的软件测试，就需要测试人员掌握软件测试过程中的配置管理，并且了解该如何配置。只有对其有了深入了解，才能更好地进行软件测试工作，运用科学而且标准的测试配置管理知识为软件质量提供保障。

3. 测试配置管理的主要参与人员及其分工

上面介绍了配置管理的目标和阶段以及如何进行软件测试配置过程管理，但是仅仅这些是不够的。有了这些知识，还不能够对软件测试进行完整的配置管理，不能凭借这些知识有效地保障软件的质量。在这些知识的基础之上，还需要对软件测试配置管理中的角色进行分配和分工，只有这样，才能确保在软件的开发和维护中，能够使配置管理活动得到贯彻执行。因此，在制订测试配置管理计划和开展测试配置管理之前，首先要确定配置管理活动的相关人员以及他们的职责和权限。下面详细介绍配置管理过程中主要的参与人员及其职责分工。

1）项目经理

项目经理（project manager，PM）作为整个软件开发以及整个软件维护活动的负责人，其主要职责包括采纳软件测试配置控制委员会的建议，对配置管理的各项活动进行批准，并且在批准之后还要控制它们的进程。项目经理的具体工作如下：首先制定项目的组织结构以及配置管理策略；然后批准和发布配置管理计划；接着对项目起始基线和软件开发工作里程碑进行制定；最后接受并审阅配置控制委员会的报告。

2）配置控制委员会

配置控制委员会的职责是对配置管理的各项具体活动进行指导和控制，并且为项目经理的决策提供建议。该委员会的具体工作职责如下：首先批准软件基线的建立以及配置项的标识；然后制定访问控制策略；接着建立、更改基线的设置，以及审核变更申请；最后根据配置管理员的报告制定相应的对策。

3）配置管理员

根据制订的配置管理计划执行各项管理任务，这就是配置管理员（configuration management officer，CMO）的职责。配置管理员要定期向配置控制委员会提交报告，同时要列席配置控制委员会的例会。他们的具体工作职责如下：①对软件配置管理工具进行日常管理与维护；②提交配置管理计划；③各配置项的管理与维护；④执行版本控制和变更控制方案；⑤完成配置审计并提交报告；⑥对开发人员进行相关的培训；⑦对开发过程中存在的问题加以识别并制订解决方案。

4）开发人员

开发人员（developer）的职责为在了解项目组织确定的配置管理计划和相关规定之后，按照配置管理工具的使用模型来完成开发任务。

只有在清晰地了解软件测试配置管理的概念、构成、原理和配置管理的人员及其分工之后，企业才能去灵活地应用它，并在企业的软件测试过程中去严格地执行它。一个企业只要做好这一步，就一定能够做好软件测试工作，从而保证软件的质量，满足用户的需求。

6.5.3　测试配置管理的应用

下面以一个实际项目中配置管理的例子来介绍项目中的配置管理应用。这里用来作为示例的是电信的一个项目，项目人员为16人，项目周期为一年，前期主要为开发、测试工作，后期主要是由维护人员进行系统维护和调整。在整个项目正式启动之前，配置管理工作就开始了。首先，应该评估团队当前的配置管理现状，清楚了解测试团队当前配置管理的现状是计划配置管理实施的基础，评估团队当前的配置管理现状有两种方法，一种是自己进行，另外一种是引入外部专业咨询人员来完成评估活动。有了评估的结果之后才能进行改进，因此这项工作一定要做好。然后，定义实施的范围，在经过了评估之后，会找出很多的改进点，对于这些改进点，必须要花费大的精力来思考解决。还需要指定一个专门的人员就是配置管理员，在一个建立了配置管理平台的团队中他负责掌控整个团队的工作流程和成果，要负责维护和管理配置管理系统。有一个合格的配置管理员能够为整个团队的进度带来极其良好的影响。而在配置管理工作开始后的第一步就是制订配置管理计划。一般地，需要在配置管理计划中明确的内容包括：

（1）配置管理软硬件资源。

（2）配置库结构。

（3）人员、角色以及配置管理规范。

（4）基线计划。

（5）配置库备份计划。

（6）执行配置审计。

下面围绕其中一些内容进行详细描述。

配置管理环境：包括软硬件环境。具体的资源需求应该根据项目实际情况来确定，一般需要考虑的因素包括网络环境、配置管理服务器的处理能力、空间需求、配置管理软件的选择等。配置管理环境的确定需要综合考虑各个方面的因素，包括采用的工具、人员对配置管理工具的熟悉程度等，同时，配置管理软件和测试工具的集成程度也是一个必须考虑的因素，根据经验，选择一个和测试环境集成紧密的配置管理工具至少可以减少20%花费在签入/签出(check in/check out)和配置管理人员保持配置库完整上的工作量。

配置管理工具的选择：从测试人员具有的配置管理工具使用经验和配置管理工具使用的难易度方面来说，VSS是最好的选择，因为在现有的基础上，如果使用VSS，只需要对测试人员进行简单培训；考虑到和测试工具的集成，VSS也是一个不错的选择。不过本项目还要求对远程接入方式的支持，以及对Solaris平台的支持，VSS肯定是不能满足要求的（VSS 通过虚拟专用网络（VPN）方式应该可以实现对远程访问的支持，但 VSS 的完全共享方式不应在 Internet 上使用）。除 VSS 外，可以选择的配置管理工具还有 CCC Harvest、ClearCase、CVS（concurrent version system）等，但 CCC Harvest 和 ClearCase 使用起来比较复杂，需要一个专门的配置库管理员负责技术支持，还需要对测试人员进行较多的培训。

配置库维护和备份计划：配置库的维护和备份需要专职的配置库管理员来负责。在整个项目中采用的配置库维护策略依据的是 Microsoft 的 Best Practice 白皮书建议，包括以下要点。

（1）保持配置数据库的大小不超过 5GB；Microsoft 建议配置库的大小在 3～5GB 比较合适，太大的数据库会极大影响 VSS 的效率。

（2）每周进行 VSS 数据库的分析（analysis），发现问题及时修正；VSS 提供了分析和修复工具，由于不合理的删除等操作，VSS 数据库有可能会出现一些中断数据之类的问题，通过定期的每周的分析工作，可以极大地降低数据库出现问题的风险。

（3）每日进行配置库的增量备份，每周进行数据库的完全备份；VSS 库的备份可以通过 VSS 自己的 Archive 功能或者是操作系统的 Backup 程序来进行。VSS 的 Archive 功能对 VSS 中的文件数据进行压缩并保留 VSS 的所有状态，但只能对 VSS 库进行完全备份，不能实现增量备份功能。Windows 2000 Server 提供的 Backup 程序可以对文件进行备份，由于 VSS 库就是以文件形式存在的，针对 VSS 的 data 目录进行备份也可以完全达到备份的目的，使用系统备份工具的好处是可以实现增量备份。人们在实际中使用的系统备份工具，每周五生成的完全备份采用刻录光盘的方式保存，每天的增量备份数据存放在文件服务器上进行备份。

6.5.4　软件测试的版本控制

通过上面对软件测试配置管理的介绍，我们对配置管理有了详细的了解，此外我们还需要了解配置管理中的另一问题，即软件测试过程中的版本控制，这同样也是软件测试过程中不可缺少的一部分。很多人不了解软件测试过程中的版本控制，甚至认为软件测试不需要版本控制。这种想法是错误的，如果测试经理或者测试人员不对软件测试进行版本控制，那么这样带来的危害也是显而易见的。软件测试过程中如果缺乏版本控制，很难保证测试进度和测试一致性。在进行测试工作时，很容易出现冗余问题，这样很容易导致本地版本和服务器版本的不一致。软件测试过程中缺乏版本控制就会造成上面这些问题。由此可见，软件测试是离不开版本控制的。在测试过程中进行适合的版本控制可以有效提高开发和测试效率，消除很多由于版本带来的问题，并且可以确保在软件开发和测试过程中，能够及时并且正确地更新不同的人员操作同一文档。

1. 测试版本控制的概念

软件测试的版本控制简单地说就是对测试有明确的标识、说明，并且测试版本的交付是在项目管理人员的控制之下。用来识别所用版本的状态就是对测试版本的标识，软件质量稳定度趋势的反映也可以由测试的版本控制体现。版本控制是软件测试的一门十分实用的实践性技术，将各次的测试行为以文件的形式进行记录，并且对每次的测试行为进行编号，标识公布过的每一个测试版本，以此来进行测试排序，例如，将最初的版本标识为1，经过测试后，之后的版本依次标识为2、3、4等。

2. 测试版本控制的作用

软件测试的版本控制有两个方面的作用：一方面是标记历史上产生的每个版本的版本号和测试状态，另一方面是保证测试人员得到的测试版本是最新的版本。版本控制其实就是跟踪标记测试过程中的软件版本，以方便对比的过程，通过版本控制来表明各个版本之间的关系，以及不同的软件开发测试阶段，从而方便测试工作的进行。版本控制是测试人员不可缺少的一种技术。有了软件测试的版本控制，测试人员的软件测试工作可以更加高效、有针对性。

3. 如何做好测试版本控制

软件测试版本控制其实是在软件测试中为了便于追溯和跟踪问题而出现的，对测试版本的控制实际上就是对软件测试过程中的各种测试行为的管理和控制。软件测试的版本控制，主要是指对于测试对象的版本控制，也就是指测试小组在软件测试过程中对开发部提交给测试部门的产品进行版本控制。如果开发小组不能规范地管理软件版本，那么这时测试小组对产品进行版本控制就将显得十分重要，软件测试小组要保证测试对象的可控性被限制在他们可以控制的范围之内。对此，建议开发小组和测试小组做到如下要求：两个小组不但分工明确，还要协商出一个明确的约定，指定专门的测试版本负责人来专门负责版本控制，让这个负责人去制定版本控制的提交原则，在软件开发过程中对提交的情况要进行详细的记录，通过这些措施，就能基本上避免因为版本失控可能造成的测试失误或者无效。

举一个软件测试项目中版本控制的例子，一个公司的员工负责了一个软件测试项目，在项目开展初期，该项目的测试工作进行得还算顺利，但是在测试后期工作即将结束时，却出现了问题。而这个问题的出现正是因为版本控制不当，在这个软件测试项目中，他们将测试过程中发现的缺陷提交给开发人员，开发人员对测试人员提交的缺陷进行修改，在对这些缺陷修改后开发人员会将修改后的代码放入当前的软件版本之中，问题正是出现在这个阶段。那么为什么问题会出现在这个阶段呢？其实是因为对于修改过的代码，无法保证它们一定是正确的，很可能在开发人员修改过之后，仍然是错误的，或者在修改过之后仍然会给软件带来其他问题，这种情况下就会给软件测试人员的测试工作带来新的麻烦。这样就会造成一个很严重的后果，即测试人员对开发人员提交的新代码会很紧张，不能彻底放心，测试人员对新提交的（新修正的）代码还要进行验证、排错，来确保不会因此带来新的隐患和漏洞。这就应该思考如何去解决这个问题，测试版本控制就可以派上用场了。首先测试人员要测试开发人员提交的代码，将测试过程中查找到的缺陷进行提交。而当测试人员提交的缺陷到了开发人员手中之后，开发人员要针对这些缺陷进行修复工作，并且将修改后的代码放入程序中，作为新的软件版本。但是绝对不能将它再放回现在正在进行的测试版本中。而测试人员在完成这一轮的测试工作后，再对新的版本也就是对经过开发人员修改过的下一个版本进行新一轮的测试。这就是软件测试过程中的版本控制。

4. 缺乏测试版本控制的危害

软件测试缺乏测试版本控制会带来很多危害，随着计算机软件技术的日趋成熟和日益复杂，现代的软件产品规模越来越大，结构越来越复杂。单纯的手工测试不再能够满足软件工程中的测试需要。一两个人完成一个项目的测试工作的时代不复存在。一个大型项目的测试工作，现在都是由很多测试人员参与，并且他们有不同的分工，以团队合作流水线式的方式来开展工作的，他们在测试过程中协同完成测试工作。在进行测试时，同一个板块的测试会由很多人共同负责，他们将会分配到同样的任务。在这么多人完成同一板块测试的过程中，企业如何保证每个人的测试工作对软件产生的影响能够综合到一起产生好的作用，而不是因为人员的差异而对测试版本造成不一致性呢？运用软件测试中的版本控制就成为此时有效的解决途径，有效的版本控制能够很好地解决这些问题，并对软件的开发产生好的、积极的影响。但是，若版本控制不当，则会造成很多棘手的问题。

1）缺乏版本控制，难以保证测试进度

大多数测试人员都希望他们进行的测试工作是完美的，经过他们测试后的软件更是完美无缺的。这种想法是好的，但是一个软件在它的整个生命周期中是不可能完美到没有一点错误存在的，只能尽量不断地完善它。这时如果能够提供有效的版本控制，就会极大地提高软件测试的效率。在对测试版本进行版本控制时，起码要做到能够掌握软件过程中的每个版本。在每个版本中，能够找到哪些功能不过关，哪些功能没问题。对于新的测试版本，不管在测试工作中的哪个时间段，都应该有一个可以用来比较的对象，并且能够与之前的版本进行对比。

2）缺乏版本控制，难以保证测试的一致性

软件测试工作十分复杂并且有很多人员参与，在进行测试工作时，由于测试人员的分工不同，不同的测试人员要负责不同的测试模块。但是，因为软件有其整体性，所以测试人员要互相协作，这时在测试过程就会产生交叉。因此，测试工作是一项十分复杂的工作，它是由很多人一起共同协作完成的。在整个测试中，为了保证测试过程中的一致性，必须要找到一个平衡点。而大量的实践证明，如果进行有效的版本控制，将有效保证测试过程中的一致性，大大降低因为缺乏版本控制或者流程管理可能带来的诸多问题。

3）测试版本冗余，易出现误用风险

因为有众多测试人员参与软件测试过程中，而进行测试工作时每个人都必须使用一台计算机，那么在每个人的计算机上都要复制一个待测软件。随着测试工作的进行，在测试过程中会不断产生新的软件版本，为了测试需要，每个人的机器上都要不断更新软件版本，那么每个人的计算机上必然会保存不同时期的软件版本。而这些不同的测试版本随着时间的推移和测试工作的进行很容易混杂在一起，造成测试人员无法分清每个版本之间的差异，甚至分不清对于当前版本应该做什么事情，从而给测试工作带来极大的困扰，出现版本的冗余。这时，如果缺乏有效的测试版本控制就会增大测试风险，给测试工作带来麻烦。

4）容易导致本地版本和服务器版本不一致

因为测试版本的众多和混乱，测试小组在测试工作上不但要花费更多的时间和精力，还可能造成不必要的重复性测试和不必要测试，测试版本不及时更新，会造成测试版本和现行版本不一致，这些就是缺乏版本控制和管理的结果。

5）缺乏测试文档可追溯性

版本控制在提供可追溯性的文件的同时还能为各种测试版本提供文档管理支持，使人们能够很方便地随时查阅软件测试过程中生成的各种文档。

5. 测试版本控制方法及工具解析

1）测试版本控制方法

有效的版本控制能够极大地方便软件测试工作，提高测试工作的效率，那么如何才能成功地进行版本控制呢？为此应该制定一套标准及相应的版本控制方法规划来规范软件测试的版本控制。方法如下：

（1）在软件测试过程中制定规范的版本控制管理制度，明确整个测试中的测试需求，选择合适的版本控制切入点，把版本控制和测试里程碑结合到一起来实现阶段性成果，从而避免测试规划过程混乱的风险。

（2）通过制定合理版次规划和监控机制来进行版本控制，为了有效地管理测试项目所需的版本次数，应该对测试工作量进行合理的评估，以此来做出合理的版次规划。

（3）不能忽略版本控制管理员在版本控制中的重要性，版本控制管理员在测试版本控制中的重要性是不可估量的，离开了版本控制管理员和缺乏版本控制的情况是等效的。

（4）要做好版本控制的文档管理，对相关文档进行严格规范的管理，记录、标识测试过程中版本控制产生的相关文档是很重要的，有了这些能够很方便地跟踪和监控测试版本的执行。

（5）选择合理的应用版本控制的软件工具，能够极大提高测试工作的效率，大大提高测试活动的优质性。

2）测试版本控制工具解析

介绍完版本控制的方法和软件测试中版本控制的重要性，要想方便地进行测试工作就必须进行有效的版本控制。这时选择一款好的测试工具就显得尤为重要。下面简单介绍一种版本控制工具 ClearCase，它也是一种配置管理的工具，由 Rational 公司开发。ClearCase的四种功能如下：

（1）控制任何文件的版本，它能够维护和控制软件版本，有效管理版本内容。

（2）在版本树中组织元件发展的过程，针对目录结构可以定制一个版本树的结构，并且其中包含多层分支和子分支。

（3）对目录和子目录进行版本控制，例如，在其中建立一个新的文件夹、对文件名进行修改、新建子目录或者在不同的目录间移动文件等。

（4）明确项目设计的流程。例如，可以通过将不同的权限授权给全体人员来阻止某些修改的发生，立刻通知团队成员任何时刻某一事件的发生，对开发的进程建立一个永久记录并不断维护它。

6. 测试版本控制应用

　　下面以一个实际项目中的例子来介绍项目中的版本控制。在这个项目中，已经建立了测试小组并对组内成员进行了分工，即启动软件测试的条件已经具备。在开发人员发布了测试版本后，有相应的文档支持，如自测报告、软件版本说明等，然后启动测试工作。其中在对其版本进行测试的过程中，测试小组对项目进行版本控制分以下几步：第一，制定规范的版本控制管理制度，测试小组要了解和明确整个测试的需求，选择合适的版本控制切入点，要对测试中产生的测试版本进行严格控制，还要规范化控制测试过程不同时期产生的测试版本，通过把版本控制与测试里程碑结合来实现阶段性成果，以规避测试过程混乱的风险。第二，应该制定合理的版次规划和监控机制，对测试项目所需的版次数量进行有效管理，并且对版次做出合理的规划。要在整个测试项目的关键位置设立检查点，要能根据版次规划随时监控版本更新，及时发现问题，并对出现的异常现象做出快速反应，这样才能使得测试过程更加清晰和更有计划性。第三，测试小组要指定版本控制管理员。测试版本控制作为一个贯穿整个测试周期的活动，会涉及很多人员角色，其中最为重要的人力资源就是测试版本控制管理员。在一个建立了良好版本控制机制的测试团队中，测试版本控制管理员十分重要，他负责掌控整个测试过程的测试版本，并负责记录和监控测试中不同测试阶段产生的测试版本。他的地位是不可动摇的。有一个合格的测试版本控制管理员能够为版本控制工作带来极其良好的影响。最后是选择一款合适的版本控制工具，常见的版本控制工具有 CVS、SVN、ClearCase，其中 CVS 是一款开放源代码软件，其功能强大、跨平台、支持并发版本控制而且免费，在中小型软件企业中得到广泛使用。但是它最大的遗憾就是缺少相应的技术支持，许多问题的解决需要自己寻找资料，甚至是研究源代码。而 SVN 是对 CVS 的缺点进行改进产生的版本控制工具，相比于 CVS，SVN 更为简单易用，且 SVN 有其特定平台的客户端工具，如TortoiseSVN，是将 Windows 外壳程序集成到 Windows 资源管理器和文件管理系统的SVN 客户端，使用起来相当方便。最后一种版本控制工具 ClearCase 是 Rational 公司生产的一款重量级的软件配置管理工具。与 CVS 和 SVN 不同的是，ClearCase 涵盖的范围包括版本控制、建立管理、工作空间管理和过程控制。ClearCase 贯穿于整个软件生命周期，支持现有的绝大多数操作系统，但它的安装、配置、使用比较复杂，需要进行团队培训。选择一款合适的版本控制工具不但能够提高测试工作效率，而且会大大提高测试活动的优质性。

6.6　软件测试风险管理

1. 风险管理

　　项目的未来充满风险。风险是一种不确定的事件或条件，一旦发生，会对至少一个项目目标造成影响，如范围、进度、成本和质量。风险可能有一种或多种起因，一旦发生可能有一项或多项影响。风险的起因包括可能引起消极或积极结果的需求、假设条件、制约因素或某种状况。

项目风险管理包括风险管理规划、风险识别、风险分析、风险应对规划和风险监控等各个过程。项目风险管理的目标在于提高项目积极事件的概率和影响，降低项目消极事件的概率和影响。对于已识别出的风险，需要分析其发生概率和影响程度，并进行优先级排序，优先处理高概率和高影响风险。

2. 风险识别

风险识别是系统化地识别已知的和可预测的风险，提前采取措施，尽可能避免这些风险的发生，最重要的是量化不确定性的程度和每个风险可能造成损失的程度。

风险可分为以下几种类型：

（1）需求风险，如需求变更频繁、缺少有效的需求变更管理。

（2）计划风险，如实际规模比估算规模大很多、项目交付时间提前但没有调整项目计划。

（3）人员风险，如项目新员工较多、骨干员工不稳定。

（4）环境风险，如设备未及时到位、新开发工具学习时间较长、环境未及时到位。

（5）产品风险，如新产品、新技术、基础版本质量不高。

（6）客户风险，如客户问题确认时间过长、客户不能保证投入需求评审。

（7）组织和管理风险，如低效的项目团队结构降低生产率、缺乏必要的规范，导致工作失误与重复工作。

（8）过程风险，如前期质量保证活动执行不到位，导致后期的返工工作量过大、需求方案确认时间过长。

风险识别主要有以下方法：

（1）头脑风暴法，组织测试组成员识别可能出现的风险。

（2）访谈，找内部或外部资深专家访谈。

（3）风险检查列表，对照表的每一项进行判断，逐个检查风险。

3. 风险评估

风险评估是对已识别出的风险及其影响大小进行分析。从经验来看，许多最终导致项目失败、延期、客户投诉的风险，都是从不起眼的小风险开始的，由于这些小风险长时间得不到重视和解决，最终严重影响项目交付。

风险评估的主要任务包括：

（1）评估对象面临的各种风险。

（2）评估风险概率和可能带来的负面影响。

（3）确定组织承受风险的能力。

（4）确定风险消减和控制的优先等级。

（5）推荐风险消减对策。

风险评估要重点关注以下几个方面：

（1）风险的性质，即风险发生时可能产生的问题。

（2）风险的范围，即风险的严重性及其总的分布。

（3）风险的时间，即何时能感受到风险及风险维持多长时间。

4. 风险应对

风险应对是对项目管理者管理水平的最好检验，从风险预防、识别、评估到应对措施及结果，能检验出管理者的综合水平。每一个项目过程中，风险应对不是简单的消除风险。

风险应对的主要方法如下：

（1）规避风险，主动采取措施避免风险，消灭风险。

（2）接受风险，不采取任何行动，将风险保持在现有水平。

（3）降低风险，采取相应措施将风险降低到可接受的水平。

（4）风险转移，付出一定的代价，把某风险的部分或全部消极影响连同应对责任转移给第三方，达到降低项目风险的目的。

风险识别及监控主要形式如下：

（1）使用风险管理表单跟踪每一个风险，定期核对各风险发生的紧急程度。

（2）通过晨会、日报、周报、周例会等形式从团队内部出发识别出新的风险，反馈风险处理情况；通过与客户沟通、上级汇报等形式，从团队外部评价收集风险信息。

6.7　软件测试成本管理

项目的各种管理从时间上看有开始阶段、中间阶段和结束阶段。项目的生命周期都会经历初始阶段、计划阶段、执行阶段、控制阶段和结束阶段。其中计划、执行和控制是一个循环反复的过程，制订计划，按照计划执行，执行中进行控制，不行则返回修改计划，修改后继续执行，直到成功完成该项目。项目的核心过程有范围管理、时间管理和成本管理。下面就成本管理展开讨论。

成本管理是为了保证项目在核定的预算下完成，包括资源计划、成本估计、成本预算核定和成本控制。成本管理的每一部分都有输入、工具技术和输出。资源计划是根据 WBS、历史信息、范围陈述、资源池描述、组织方针和活动持续期预计，利用专家判断、选择性鉴定和项目管理软件，得到资源需求文档。成本估计是根据 WBS、资源需求说明、资源费用、活动持续期估计、估计发布和历史信息及账目表、风险，利用相似估计、参变模型、自底向上估计、计算机自动化工具和其他成本估计方法，得出成本估计、支持细节和成本管理计划。成本预算核定是根据成本估计、WBS、项目进度和风险管理计划，利用成本预算工具和技术，得到项目成本基线（成本基线是基于有限时间的预算，常用来测量监视项目成本性能）。成本控制是根据成本基线、性能报告、需求变化和风险管理计划，采用成本变化管理系统、性能测量、挣值管理、附加计划和计算机自动化工具，得到修正的成本估计、预算变动、纠正活动和完成估计。

每个项目都可根据一定的原则分为一系列活动，每一活动还可以分为一系列的子活动，一级级地划分直到不能或不需要划分，如某种材料、某种设备、某一活动单元等，然后估算每个 WBS 要素的费用。采用这一方法的前提是：

（1）对项目的需求有一个完整的限定。

（2）制定完成任务所必需的逻辑步骤。

（3）编制 WBS 表。

项目需求的完整限定应包括工作报告书、规格书以及总进度表。工作报告书是指实施项目所需的各项工作的叙述性说明，它应确认必须达到的目标。如果有资金等限制，该信息也应包括在内。规格书是对工时、设备以及材料标价的根据。它应该能使项目人员和用户了解工时、设备以及材料估价的依据。总进度表应明确项目实施的主要阶段和分界点，其中应包括长期订货、原型试验、设计评审会议以及其他任何关键的决策点。如果可能，用来指导成本估算的总进度表应含有项目开始和结束的日历时间。

一旦项目需求确定下来，就应制定完成任务所必需的逻辑步骤。在现代大型复杂项目中，通常用箭头图来表明项目任务的逻辑程序，并以此作为下一步绘制关键路径法（CPM）或计划评审技术（PERT）图以及 WBS 表的根据。

编制 WBS 表的最简单方法是依据箭头图，把箭头图上的每一项活动当成一项工作任务，在此基础上描绘分工作任务。

进度表和 WBS 表完成之后，就可以进行成本估算了。成本估算的结果最后应以下述的报告形式表述出来：

（1）对每个 WBS 要素的详细费用估算。还应有一个各项分工作、分任务的费用汇总表，以及项目和整个计划的累积报表。

（2）每个部门的计划工时曲线。如果部门工时曲线含有"峰"和"谷"，那么应考虑对进度表作若干改变，以得到工时的均衡性。

（3）逐月的工时费用总结。以便项目费用必须削减时，项目负责人能够利用此表和工时曲线作权衡性研究。

（4）逐年费用分配表。此表以 WBS 要素来划分，表明每年（或每季度）所需费用。此表实质上是每项活动的项目现金流量的总结。

（5）原料及支出预测。它表明供货商的供货时间、支付方式、承担义务以及支付原料的现金流量等。

划分项目的 WBS 有许多方法，如按照专业划分，按照子系统、子工程划分，按照项目不同的阶段划分等，以上每一种方法都有其优缺点。一般情况下，确定项目的 WBS 结构需要组合以上几种方法进行，在 WBS 的不同层次使用不同的方法。良好的项目管理必须具备以下因素：对项目的认知、为项目提供良好的协同环境和有效的控制。这几个因素环环相扣，前者是后者的必要条件。一个良好的 WBS 结构在项目管理中所起的作用也可以这三个层次来理解。

首先是按照专业划分项目，应当说这是一种最自然的划分方法，优点是容易让人接受，缺点是不易协调。例如，在进行地铁建设时，假定在 WBS 的顶层按照专业将建设分为土建和安装，并按照这种划分确定一个土建分项目经理和一个安装分项目经理。按照这种划分方法在画项目的网络图时就会出现一系列的土建作业和一系列的安装作业。因为某一个车站既包括土建工程又包括安装工程，这样在两组作业组之间就会出现非常复杂的关系，分项目经理之间也很难协调工作。按照系统划分方法容易界定项目范围，但有时候显得不那么直观。系统是人们在长期实践中确定的一种分类方法，其特点是系统与系统之间的联系往往是比较简单的，这种联系通常称为系统界面或接口。正由于系统之间的界面比较清楚，所以按照系统对项目进行划分更容易界定子项目或子工程的范围，在项目实施过程中更容易控制结果。按照项目的不同阶段划分 WBS 结构有利于项目管理者控制中间结果。对那些不确定性比较大的项目来说，项目最后的结果往往是未知的，控制项目的唯一方法就是控制中间结果的进度和质量，当然阶段的划分应该是可测量的。按照阶段划分项目有助于管理者在不同阶段控制中间成果，同时不至于使项目管理者陷入项目细节中。不同的项目，其范围、性质可能都不一样，项目管理的目标和重点不尽相同，项目的 WBS 也不一样。但无论对何种项目进行 WBS 划分，都必须兼顾 WBS 的三种不同层次的作用。划分项目的 WBS 还必须遵循一定的方法论。具体来说，划分项目的 WBS 必须遵循以下步骤：

（1）确定项目特性并确定 WBS 层次，如项目的不确定性有多大，项目的规模是多大。

（2）确定项目管理的重点，为项目管理目标划分优先级别，如项目质量是第一位，还是项目进度是第一位。

（3）针对项目管理目标的优先级别确定每级 WBS 划分方法。

（4）确定 WBS。

下面列举一些针对软件企业的有效成本控制的经验。

软件企业必须加大宣传力度，树立全员经济意识。首先统一思想认识，从项目管理人员到普通员工要进行经济教育，灌输经济意识，把一切为了效益的意识深深地刻在每个职工的脑海里，如"节约光荣，浪费可耻"等，使每一位职工都能把工程成本管理工作放在主要位置。其次是组织培训，提高专业人员的素质，这是实现成本目标的保证。

建立一套行之有效的制度并非易事，每一个工程项目都有其自身的特点，要根据工程项目本身的特点，制定有针对性的项目成本管理办法，如项目质量成本管理办法、工期成本管理办法、项目招投标管理办法、合同评审管理办法、材料使用控制办法等。这些管理办法应是责任到人、切实可行的具有较强操作性的办法，使项目的成本控制有法可依，有章可循，有据可查。项目成本实施的主体是项目组人员，项目经理是项目成本管理的领导，这样形成了一个以项目经理为核心的成本管理体系。对成本管理体系中的每个部门、每个人的工作职责和范围要进行明确的界定，遵循民主集中制、标准化、规范化的原则建立责权利相结合的成本管理模式和体制；对于每个项目，都要有成本控制的目标——项目预算，都要严格按照工作任务分解，在落实任务的同时，也要落实完成任务需要的成本预算，并且逐级负责，层层落实，使项目成本管理工作做到责权利无空白，无重叠，事事有人管，责任有人担，一切有章可循，有据可查，杜绝推诿扯皮，使项目的成本管理工作形成一个完整的成本管理体系，同时用一定物质奖励去刺激，使每个人的工作、成本和项目的效益挂钩，彻底打破过去那种干好干坏一个样、干多干少一个样的格局。调动职工的积极性和主动性，使大家共同为项目的成本管理献计献策。

小　　结

测试项目管理就是以测试项目为管理对象，通过一个临时性的专门的测试组织，运用专门的软件测试知识、技能、工具和方法，对测试项目进行计划、组织、执行和控制，并在时间成本、软件测试质量等方面进行分析和管理。本章从软件测试项目管理概述、软件测试文档、软件测试的组织与人员管理、软件测试过程管理、软件测试的配置管理、软件测试风险管理、软件测试的成本管理等几个方面讨论了测试项目的全过程管理。

习　　题

1. 测试项目管理的基本特征是什么？
2. 主要软件测试文档有哪些？简述它们的作用。
3. 软件测试中如何进行变更控制？
4. 简述软件测试配置管理的方法和内容。
5. 软件测试时如何进行风险管理？

第 7 章　Web 应用测试

　　基于 Web 的应用测试在基于 Web 的系统开发中，如果缺乏严格的测试过程，在开发、发布、实施和维护 Web 的过程中，可能就会碰到一些严重的问题，导致失败的可能性变大。而且，随着基于 Web 的系统变得越来越复杂，一个项目的失败可能导致很多问题。这种情况的发生，会使人们对 Web 和 Internet 的信心产生无法挽救的动摇，从而引起 Web 危机。并且，Web 危机可能会比软件开发人员所面对的软件危机更加严重、广泛。

7.1　Web 应用测试概述

　　在 Web 工程实施过程中，基于 Web 系统的测试、确认和验收是一项重要而富有挑战性的工作。基于 Web 的系统测试与传统的软件测试不同，它不但需要检查和验证软件系统是否按照设计的要求运行，而且还要测试系统在不同用户的浏览器端的显示是否合适。重要的是，还要从最终用户的角度进行安全性和可用性测试。然而，Internet 和 Web 媒体的不可预见性使测试基于 Web 的系统变得越来越困难。因此，必须为测试和评估复杂的基于 Web 的系统研究新的方法和技术。一般软件的发布周期以月或以年计算，而 Web 应用的发布周期以天计算甚至以小时计算，所以 Web 测试人员必须在更短的时间内完成测试，测试人员和测试管理人员面临着从测试传统的 C/S 结构和框架环境到测试快速改变的 Web 应用系统的转变。

7.2　Web 应用测试分类

　　Web 系统按架构可以分为 J2EE（Java 平台＋JSP），.NET（Aspx），LAMP（PHP）等；Web 服务器包括 IIS，Apache，Tomcat，Resin，JBoss，Weblogic，Websphere 等；数据库有 SQL Server，MySQL，Oracle，DB2，Sybase 等。因此，对于 Web 系统的测试不能只关注业务逻辑层面，而应该从 Web 系统的整个体系架构入手，对构成该系统的每一个要素进行测试，如前端页面展现、网络协议、服务器设置、后台数据库等。Web 应用测试分为功能测试、性能测试、界面测试、易用性测试、兼容性测试、安全性测试、配置测试、安装测试、文档测试、故障恢复测试、用户界面测试等，根据软件项目的具体需求进行裁剪。

7.2.1　功能测试

　　通常，功能测试从以下几个角度对软件产品进行评价：

（1）软件是否正确实现了需求规格说明书中明确定义的需求。

（2）软件是否遗漏了需求规格说明书中明确定义的需求。

（3）软件是否实现了需求规格说明书中未定义的需求。

（4）软件是否对异常情况进行了处理，其容错性是否好。

（5）软件是否满足用户的使用需求。

（6）软件是否满足用户的隐性需求。

Web 元素主要包括超链接、图片、文字、超文本标记语言（HTML）、脚本语言、表单等，Web 页面的功能测试就要针对这些元素展开。虽然页面也包含 Flash，ActiveX 控件、插件（plugin）等元素，但这些元素实际上就是小的应用程序，可以作为一般应用程序来测试，只不过要针对浏览器的不同设置，进行相应的测试。浏览器设置项有很多，特别是安全性选项的设置，对 Web 功能测试影响比较大，要注意这方面的测试。所以，Web 系统功能测试除了业务逻辑功能测试外，还包括以下方面。

1. 链接测试

Web 系统上的网页是通过称为超链接的文本或图形互相链接的，犹如一张庞大的蜘蛛网，稍不留神就会有所遗漏。因此，对页面超链接的测试主要包含如下几点：

（1）链接的正确性，即超链接与说明文字相匹配，测试所有链接是否按指示链接到该链接的页面。

（2）是否存在不可达的链接或死链接，如页面不可显示信息，则视为页面链接无效。引起页面无效的因素有很多，如链接的地址不正确等。

（3）测试所链接的页面是否存在，要保证系统中没有孤立的页面，也就是空链接。空链接未链接到任何地址，什么都不做。

尽管链接测试看起来似乎没有比较高深的技术含量，但一个较大的网站会涉及上百甚至上千个页面，链接测试需要较大的测试量。提高测试的效率成为网站链接测试的一个重要方面。可以使用 Xenu Link Sleuth，HTML Link Validator，Web Link Validator 等自动化工具来测试超链接。

2. 表单测试

表单主要负责数据采集功能，是系统与用户交互最主要的介质。从设计的角度来看，表单是在访问者和服务器之间建立了一个对话，允许使用文本框、单选按钮和选择菜单来获取信息，而不是用文本、图片来发送信息。通常情况下，要处理从站点访问者发来的响应（即表单结果），需要使用某种运行在 Web 服务器端的脚本（如 PHP，JSP），同时在提交访问者输入表单的信息之前也可能需要用到浏览器运行在客户端的脚本（通常是使用 JavaScript）。所以对表单的测试包含的内容非常多，需要保证应用程序能正确处理这些表单信息，并且后台的程序能够正确解释和使用这些信息，重点包括三个方面：单一表单的功能验证、多表单业务流测试、数据校验。

（1）单一表单的功能验证主要是测试表单是否按照需求正常工作，顺利完成功能要求，例如，使用表单来进行在线注册，要确保提交按钮能正常工作，当注册完成后应返回注册成功的消息。要测试这些程序，需要验证服务器能正确保存这些数据，而且后台运行的程序能正确解释和使用这些信息。

（2）多表单业务流测试是对应用程序特定的具有较大功能业务的需求进行验证。例如，尝试用户可能进行的所有操作，如下订单、更改订单、取消订单、核对订单状态、在货物发送之前更改送货信息、在线支付等。验证这些业务流程是否完整、正确。

（3）数据校验主要是验证表单提交的完整性，以校验提交给服务器的信息的正确性和完整性，如用户注册、登录、信息提交等，如果使用了默认值，还要检验默认值的正确性。如果表单只能接受指定的某些值，也要进行测试。例如，只能接受某些字符，测试时可以跳过这些字符，看系统是否会报错。

表单测试一般采用黑盒测试方法，既可以采用手工测试，也可以使用自动化测试工具来完成。

3. Cookie 测试

Cookie，也常用其复数形式 Cookies，通常用来存储用户信息和用户对应用系统的操作信息。当一个用户使用 Cookie 访问了某一个应用系统时，Web 服务器将发送关于用户的信息，把该信息以 Cookie 的形式存储在客户端计算机上，这可用来创建动态和自定义页面或者存储登录等信息。

对 Cookie 的测试主要从以下方面进行：

（1）Cookie 的作用域是否合理、是否按预定的时间进行保存、刷新对 Cookie 有什么影响等。

（2）用于保存一些关键数据的 Cookie 是否被加密，如果在 Cookie 中保存了注册信息，需要确认该 Cookie 能够正常工作而且已对这些信息进行加密。

（3）Cookie 的过期时间是否正确。

（4）Cookie 的变量名与值是否对应。

（5）Cookie 是否必要，是否缺少。

4. Session 测试

Session 是一种在客户端与服务器之间保持状态的解决方案（保持状态是指通信的一方能够把一系列的消息关联起来，使得消息之间可以互相依赖）。客户端与服务器端建立 Session 会话，服务器会为每次会话建立一个 Session ID，每个客户与一个 Session ID 的对应会话信息都会存放在服务器上，通常是在用户执行"退出"操作或者会话超时时结束。因此，Session 测试时应该关注以下内容：

（1）Session 不能过度使用，否则会加重服务器维护 Session 的负担。

（2）Session 的过期时间设置是否合理，需要验证系统 Session 是否有超时机制，以及 Session 超时后功能是否还能继续实现。

（3）Session 的键值是否对应，是否存在 Session 互窜，A 用户的操作是否被 B 用户执行。

（4）Session 过期后在客户端是否生成新的 Session ID。

（5）Session 与 Cookie 是否存在冲突。

5. 数据库测试

数据库为 Web 应用系统的管理、运行、查询以及实现用户对数据存储的请求等提供空间。在 Web 应用中，最常用的数据库类型是关系型数据库，可以使用结构化查询语言（SQL）对信息进行处理。数据库测试包括测试实际数据的正确性和数据的完整性以确保数据没有被误用，以及确定数据库结构设计得是否正确，同时对数据库应用进行功能性测试。

在使用了数据库的 Web 应用系统中，一般情况下，可能发生两种错误：数据一致性错误和输出错误。数据一致性错误主要是由用户提交的表单信息不正确而造成的，而输出错误主要是由网络速度或程序设计问题等引起的。

数据库测试需要测试数据的完整性、有效性，数据操作和更新，主要测试要点可以参考以下几个方面：

（1）数据库表结构是否合理。

（2）表与表之间的关系是否清晰，主外键是否合理。

（3）列的类型和长度定义是否满足功能和性能方面的要求。

（4）索引的创建是否合理。

（5）存储过程是否功能完整，可以使用 SQL 语句对存储过程进行详细测试，而不只是从黑盒层面进行测试。

数据库测试还可以和表单测试结合起来进行，也可以使用常见的数据库测试工具，如DBFactory，DbUnit，SQLUnit 等。

6. 脚本测试

脚本测试是指对客户端的脚本（如 JavaScript）和服务器端的脚本（如 PHP）进行测试。Web 涉及不同的脚本语言、版本的差异，可以引起客户端或服务器端严重的问题。因此，需要使用白盒测试或黑盒测试方法来完成这一类测试，其目的在于不仅从应用层面来关注相应的脚本功能，还应该从代码层面做好比较完整的验证。

7.2.2 性能测试

性能测试是通过模拟多种正常、峰值以及异常负载条件来对系统的各项性能指标进行测试，主要用于评价一个网络应用系统（分布式系统）在多用户访问时系统的处理能力。中国软件评测中心将性能测试概括为三个方面：应用在客户端性能的测试、应用在网络上性能的测试和应用在服务器端性能的测试。

性能测试的主要类型有下述几种。

（1）负载测试。通过测试系统在改变负载方式、增加负载、资源超负荷等情况下的表现，以发现设计上的错误或验证系统的负载能力。

通常使测试对象承担不同的工作量，以评测和评估测试对象在不同工作量条件下的性能行为，以及持续正常运行的能力，确定并确保系统在超出最大预期工作量的情况下仍能正常运行，同时需要评估系统的响应时间、事务处理速率等性能特征，从而确定能够接受的性能。

（2）压力测试。压力测试也称为强度测试，实际上是一种破坏性测试，通常检查被测系统在非正常的超负荷等恶劣环境下（如内存不足、CPU 高负荷、网速慢等）的表现，考验系统在正常情况下对某种负载强度的承受能力，以判断系统的稳定性和可靠性。压力测试主要测试系统的极限和故障恢复能力，也就是测试应用系统会不会崩溃，是通过确定一个系统的瓶颈或者不能接受的性能点，来获得系统能提供的最大服务级别的测试。一般把压力描述为"CPU 使用率达到 75%以上，内存使用率达到 70%以上"。

（3）并发测试。并发测试主要是指当测试多用户并发访问同一个应用、模块、数据时是否产生隐藏的并发问题，如内存泄漏、线程锁、资源争用问题。它是一个负载测试和压力测试的过程，即逐渐增加负载，直到系统的瓶颈或者不能接受的性能点，通过综合分析执行指标和资源监控指标来确定系统并发性能。几乎所有的性能测试都会涉及并发测试。

（4）容量测试。容量测试用于检查被测系统处理大数据量的能力，如存储或读取一个超长文件的能力。确定系统可处理同时在线的最大用户数。

（5）可靠性测试。软件可靠性指的是在给定时间内、特定环境下软件无错误运行的概率，软件可靠性已被公认为是系统可依赖性的关键因素，是从软件质量方面满足用户需求的最重要的因素，它可以定量地衡量软件的失效性。

影响 Web 应用系统性能的主要指标因素如下所述。

（1）响应时间。响应时间又指请求响应时间，指的是从客户端发起的一个请求开始，到客户端接收到从服务器端返回响应结束，这个过程所耗费的时间，用公式可以表示为

响应时间 = 网络响应时间 + 服务器处理时间 + 数据存储处理时间（通常不包括浏览器生成或显示页面所花费的时间），其单位一般为"s"或者"ms"。

响应时间的评价可参考 2/5/10 原则：

①在 2s 之内，页面给予用户响应并有所显示，可认为是"很不错的"；
②在 2~5s 内，页面给予用户响应并有所显示，可认为是"好的"；
③在 5~10s 内，页面给予用户响应并有所显示，可认为是"勉强接受的"；
④超过 10s 让人有点不耐烦了，用户很可能不会继续等待下去。

（2）并发用户数。并发是指所有的用户在同一时刻做同一件事情或者操作，这种操作可以是做同一类型的业务，也可以是做不同类型的业务。前一种并发通常用于测试使用比较频繁的模块，后一种并发更接近用户的实际使用情况。

并发用户数，可以使用估算法获得，如下所述。

平均并发数估算：

$$C = n/10$$

并发用户数峰值估算：

$$C' \approx rC$$

其中，n 代表每天访问系统的用户数，可以通过日志分析、问卷调查来获取；r 为调整因子，取值一般为 2~3。系统实际并发数量以负载测试结果为准。

（3）吞吐量。吞吐量指的是在一次性能测试过程中网络上传输的数据量的总和。吞吐

量/传输时间就是吞吐率，吞吐率是响应请求的速率，通常又称系统的点击率或者页面速率。吞吐量与响应时间可以分析系统在给定的时间范围内能够处理（负担）的用户数。

（4）事务数。在 Web 性能测试中，一个事务就表示一个发送请求到返回响应的过程。因此，一般的响应时间都是针对事务而言的。每秒钟系统能够处理的交易或者事务的数量，称为每秒事务数（transaction per second，TPS），它是衡量系统处理能力的重要指标。

（5）点击率。点击率也称为每秒请求数，记为 Hits/sec，指客户端单位时间内向 Web 服务器提交的 HTTP 请求数，包括各种对象请求（如图片、CSS 等），这是 Web 应用特有的一个指标。

（6）资源利用率。资源利用率指的是对不同系统资源的使用程度，如服务器的 CPU 利用率、磁盘利用率等。资源利用率是分析系统性能指标进而改善性能的主要依据，主要针对 Web 服务器、操作系统、数据库服务器、网络等，根据需要采集相应的参数进行分析，是测试和分析瓶颈的主要参考。

性能测试的一般方法是通过模拟大量用户对软件系统的各种操作，获取系统和应用的性能指标，分析软件是否满足预期设定的结果，概括来讲就是"模拟"、"监控"和"分析"。模拟是通过多线程程序模拟现实中的各种操作、系统环境等；监控是对应用性能指标的监控和对系统性能指标的监控等；分析是通过一定的方法组合各种监控参数，根据数据的关联性，利用已经有的各种数学模型，通过各种分析模型快速地定位问题。

性能测试的主要步骤如下：

（1）测试需求分析。需要了解系统架构、业务状况与环境等，确定性能测试目的和目标，选择性能测试合适的测试类型（负载、压力、容量等）。

（2）制订测试计划。定义测试所需求的输入数据，确定将要监控的性能指标。

（3）用例及场景设计，对业务进行分析和分解，根据业务确定用例。不同用例按照不同发生比例组成场景，定义用户行为，模拟用户操作运行方式。

（4）准备测试脚本。创建虚拟用户脚本，验证并维护脚本的正确性。

（5）运行测试场景，监控测试指标。

（6）分析测试结果。根据错误提示或监控指标数据进行性能分析，得出性能评价结论。

常用的性能测试工具主要有 LoadRunner 及开源工具 JMeter 等。

7.2.3　用户界面测试

用户界面测试（user interface testing），简称 UI 测试，是测试用户界面功能模块的布局是否合理、整体风格是否一致和各个控件的放置位置是否符合客户使用习惯，更重要的是操作便捷，导航简单易懂，界面中文字正确，命名统一，页面美观，文字、图片组合完美等。

UI 测试的目的是确保用户界面会通过测试对象的功能来为用户提供相应的访问或浏览功能，确保用户界面符合公司或行业的标准，核实用户与软件的交互。UI 测试的目标在于确保用户界面向用户提供了适当的访问和浏览测试对象功能的操作。除此之外，UI 测试还要确保 UI 功能内部的对象符合预期要求，并遵循公司或行业的标准。

针对 Web 应用程序，也就是通常所说的浏览器/服务器（B/S）系统，可以从如下方面着手来进行用户界面测试。

1. 导航测试

导航描述了用户在一个页面内，在不同的用户接口控制之间，如按钮、对话框、列表和窗口等，或在不同的连接页面之间操作的方式。通过考虑下列问题，可以决定一个 Web 应用系统是否易于导航：导航是否直观，Web 系统的主要部分是否可通过主页存取，Web 系统是否需要站点地图、搜索引擎或其他导航的帮助。

在一个页面上放太多的信息往往会起到与预期相反的效果。Web 应用系统的用户趋向于目的驱动，很快地扫描一个 Web 应用系统，看是否有满足自己需要的信息，如果没有，就会很快地离开。很少有用户愿意花时间去熟悉 Web 应用系统的结构，因此 Web 应用系统导航帮助要尽可能准确。

导航的另一个重要方面是 Web 应用系统的页面结构、导航、菜单、链接的风格是否一致，确保用户凭直觉就知道 Web 应用系统里面是否还有内容，内容在什么地方。

Web 应用系统的层次一旦确定，就要着手测试用户导航功能，让最终用户参与这种测试，效果将更加明显。

2. 图形测试

在 Web 应用系统中，适当的图片和动画既能起到广告宣传的作用，又可美化页面。一个 Web 应用系统的图形可以包括图片、动画、边框、颜色、字体、背景、按钮等。图形测试的内容如下：

（1）要确保图形有明确的用途，图片或动画不要胡乱地堆在一起，以免浪费传输时间。Web 应用系统的图片尺寸要尽量小，并且要能清楚地说明某件事情，一般都可以链接到某个具体的页面。

（2）验证所有页面字体的风格是否一致。

（3）背景颜色应该与字体颜色和前景颜色相搭配。

（4）图片的大小和质量也是一个很重要的因素，一般采用 JPG 或 GIF 压缩，最好能使图片的大小减小到 30KB 以下。

（5）验证文字回绕是否正确，如果说明文字指向右边的图片，那么应该确保该图片出现在右边，不要因为使用图片而使窗口和段落排列古怪或者出现孤行。

通常来说，使用少许或尽量不使用背景是个不错的选择。如果想用背景，那么最好使用单色的，并且和导航条一起放在页面的左边。另外，图案和图片可能会转移用户的注意力。

3. 内容测试

内容测试用来检验 Web 应用系统提供信息的正确性、准确性和相关性。信息的正确性是指信息是可靠的还是误传的。例如，在商品价格列表中，错误的价格可能引起财政问题，甚至导致法律纠纷。信息的准确性是指是否有语法或拼写错误。这种测试通常使用一些文字处理软件来进行，例如，使用 Word 的"拼音与语法检查"功能。信息的相关性是指是否在当前页面可以找到与当前浏览信息相关的信息列表或入口，也就是一般 Web 站点中的"相关文章列表"。

对于开发人员来说，可能先有功能然后才对这个功能进行描述。大家坐在一起讨论一些新的功能，然后开始开发，在开发的时候，开发人员可能不注重文字表达，他们添加文字可能只是为了对齐页面。不幸的是，这样出来的产品可能产生很大的误解。因此，测试人员应和公关部门一起检查内容的文字表达是否恰当，否则，可能会给公司带来麻烦，也可能引起法律方面的问题。测试人员应确保站点看起来更专业。过分地使用粗体字、大字体和下划线可能会让用户感到不舒服。在进行用户可用性方面的测试时，最好先请图形设计专家对站点进行评估。你可能不希望看到一篇到处是黑体字的文章，所以相信你也希望自己的站点能更专业一些。最后，需要确定是否列出了相关站点的链接。很多站点希望用户将邮件发到一个特定的地址，或者从某个站点下载浏览器。但是如果用户无法点击这些网址，他们可能会觉得很迷惑。

4. 表格测试

表格测试用于验证表格设置是否正确。用户是否需要向右滚动页面才能看见产品的价格？把价格放在左边，而把产品细节放在右边是否更有效？每一栏的宽度是否足够宽，表格里的文字是否都有折行？是否有因为某一格的内容太多，而将整行的内容拉长？

5. 整体界面测试

整体界面是指整个 Web 应用系统的页面结构设计，是给用户的一个整体感。例如，当用户浏览 Web 应用系统时是否感到舒适，是否凭直觉就知道要找的信息在什么地方？整个 Web 应用系统的设计风格是否一致？

对整体界面的测试过程，其实是一个对最终用户进行调查的过程。一般 Web 应用系统采取在主页上做一个调查问卷的形式，来得到最终用户的反馈信息。

对所有的用户界面测试来说，都需要有外部人员（与 Web 应用系统开发没有联系或联系很少的人员）的参与，最好是最终用户的参与。

7.2.4　易用性测试

软件易用性是指在指定条件下使用时，软件产品被理解、学习、使用和吸引用户的能力。其中，用户界面测试是易用性测试中的一个重要内容。

Web 易用性测试主要关注下述方面：

（1）控件名称应该易懂，用词准确，无歧义。

（2）常用按钮支持快捷方式。

（3）完成同一功能的元素放在一起。

（4）界面上重要信息放在前面。

（5）支持回车。

（6）界面空间小时使用下拉列表框，而不使用单选框。

（7）专业性软件使用专业术语。

（8）对可能造成等待时间较长的操作应该提供取消操作功能。

（9）对用户可能带来破坏性的操作具有返回上一步操作的机会。

（10）根据需要自动过滤空格。

（11）主菜单的宽度设计要合适，应保持基本一致。

（12）工具栏图标与完成的功能有关。

（13）快捷键参考微软标准。

（14）提供联机帮助。

（15）提供多种格式的帮助文件。

（16）提供软件的技术支持方式。

综上所述，Web 界面测试主要关注用户体验，可以包括以下测试要点：

（1）整体布局。Web 应用系统整体布局风格与用户群体和受众密切相关，如网站是提供儿童服务的，页面布局就会卡通活泼些；如网站是一个技术网站，那么就应该严肃一些，给用户以信任感。总之，整个站点应该具有统一的配色、统一的排版、统一的操作方式、统一的提示信息、统一的内容布局、统一的图标风格。另外，整个页面的排版必须松弛有度，内容不能太挤，也不能距离太大，图片的大小要合适。

（2）导航测试。导航描述了用户在一个页面内操作的方式，如在不同的用户接口控制之间的转换，或在不同的连接页面之间的转换。Web 应用系统导航帮助要尽可能准确，导航的页面结构、导航、菜单、链接的风格要一致、直观。建议尽量使用最小化原则，只将重要的、必须要让用户了解的功能放置在首页。

（3）图形测试。Web 应用系统的图片、动画、边框、颜色、字体、背景、按钮等图形的大小、格式、布局、风格等要一致，要考虑图形是否有明确的用途、图形能否正常显示、图形下载速度、放置重要信息的图片是否丢失、背景颜色与字体颜色和前景颜色是否相搭配、图片的大小和质量是否影响性能。图片一般采用 JPG 或 GIF 压缩，最好能使图片的大小减小到 30KB 以下。

（4）内容测试，内容测试用来检验 Web 应用系统提供信息的正确性、准确性和相关性等，例如：信息的内容应该是正确的，不会误导用户；信息的内容应该是合法的，不会违反法律；信息的内容应该是符合语法规则的；对用户误操作的提示信息应该是精确的，而不是模棱两可的；在当前页面可以找到与当前浏览信息相关的信息列表或入口。

（5）验证快捷方式。

（6）本地化测试，满足区域文化。

（7）考虑用户群体。

（8）页面布局显示与客户端分辨率的匹配。

7.2.5　兼容性测试

兼容性测试即测试软件对其他应用或者系统的兼容性，包括操作系统、软件、硬件、网络等。

1. 平台兼容性

平台兼容性是指 Web 系统最终用户的操作系统平台，有 Windows、Linux、UNIX、Macintosh 等，在系统发布之前，需要在各种操作系统下对系统进行兼容性测试。

2. 浏览器兼容性

浏览器是 Web 客户端最核心的构件，来自不同厂商的浏览器对 Java、JavaScript、ActiveX、Plug-ins 或不同的 HTML 规格有不同的支持。例如，ActiveX 是 Microsoft 的产品，是为 IE 而设计的，JavaScript 是 Netscape 的产品，Java 是 Sun 的产品等。另外，框架和层次结构风格在不同的浏览器中也有不同的显示，甚至根本不显示。

根据浏览器引擎的不同，通常需要对主流的 IE、Firefox、Chrome 等浏览器进行兼容性测试。

3. 分辨率兼容性

分辨率测试主要是测试在不同分辨率下，页面版式是否能够正常显示。对于需求规格说明书中规定的分辨率，必须保证测试通过。常见的分辨率有 1440×900、1280×1024、1027×768、800×600。

进行分辨率兼容性测试时需要检查：
（1）页面版式在指定的分辨率下是否显示正常。
（2）分辨率调高后字体是否太小以至于无法浏览。
（3）分辨率调低后字体是否太大。
（4）分辨率调整后文本和图片是否对齐，文本或图片是否显示不全。
其他兼容性测试还包括网络连接速率、外部设备等兼容性测试。

7.2.6 安全性测试

Web 应用系统在数据传输过程中常会被非法截获和伪造传递，容易受到病毒和非法入侵的攻击，"乌云"网站上公布的客户信息泄露等安全事故层出不穷，给人们带来了极大的损失和危害。软件设计漏洞或存在"后门"、病毒感染、恶意攻击、"钓鱼"网站设置的陷阱、网络自身管理不善以及人为不良行为等，均可能带来严重的安全问题。因此，Web 服务器安全性的测试日益重要。

软件安全性测试就是检验系统权限设置有效性、防范非法入侵的能力、数据备份和恢复能力等，设法找出各种安全性漏洞。

根据国家信息安全漏洞库（China National Vulnerability Database of Information Security，CNNVD）统计，2015 年 6 月份共新增安全漏洞 637 个，与前 5 个月平均增长数量相比，增长速度有所上升，其中权限许可和访问控制类漏洞所占比例最大，约为 13.66%。

360 互联网安全中心发布的《2015 年中国互联网站安全报告》显示，360 网站安全检测平台在 2015 年全年共扫描各类网站 231.2 万个，共扫描发现网站高危漏洞 265.1 万次。

从网站漏洞类型上看,跨站脚本(cross site script,XSS)攻击漏洞、异常页面导致服务器路径泄露、SQL 注入漏洞等是 2015 年扫出的最为频繁的漏洞类型。漏洞类型分布如表 7-1 所示。

表 7-1　漏洞类型分布

排名	漏洞名称	漏洞级别	扫出次数/万次
1	跨站脚本攻击漏洞	中危	270.7
2	异常页面导致服务器路径泄露	低危	197.9
3	SQL 注入漏洞	低危	145.9
4	发现目录启用了自动目录列表功能	低危	75.6
5	SQL 注入漏洞(盲注)	高危	70.2
6	IIS 短文件名泄露漏洞	低危	69.1
7	MySQL 可远程连接	低危	56.5
8	发现服务器启动了 TTRACE Method	低危	42.4
9	发现目录开启了可执行文件运行权限	低危	36.1
10	Flash 匹配不当漏洞	低危	17.8

因此,在 Web 安全性测试过程中,主要关注以下类型的测试。

1. 跨站脚本攻击

跨站脚本攻击指的是恶意攻击者利用网站程序对用户输入过滤不足,向 Web 页面里插入恶意 Script 代码,构造 XSS 跨站漏洞,当用户浏览该页之时,嵌入 Web 里面的 Script 代码会被执行,从而达到盗取用户资料、利用用户身份进行某种动作或者对访问者进行病毒侵害等恶意攻击用户的特殊目的。

例如,在文本框中输入<script>alert('test')</script>,如果弹出警告对话框,表明已经受到跨站攻击。

构造如下的代码,还能搜集客户端的信息。

<script>alert(navigator.userAgent)</script>
<script>alert(document.cookie)</script>

因此,需要对输入域进行严格的保护和验证。

2. SQL 注入式攻击

SQL 注入(SQL injection)式攻击是指用户输入的数据未经合法性验证就用来构造 SQL 查询语句,即用户可以提交一段数据库查询代码,根据程序返回的结果,获得某些他想得知的数据,包括查询数据库中的敏感内容,绕过认证,添加、删除、修改数据,拒绝服务等操作。例如,根据 SQL 语句的编写规则,附加一个永远为"真"的条件,使系统中某个认证条件总是成立,从而欺骗系统、躲过认证,进而侵入系统。下面给出一个构造 SQL 注入式攻击查询的例子:

$sql="SELECT name FROM users WHERE id=' "+.$_GET[id]+" ' "

当 id 的值为

1' or 1=1--

查询语句为

$sql="SELECT * FROM admins WHERE name=' "+.$_GET['name']+" ' and
pass=' "+. $_GET['pass']+" ' "

或 name 的值为

'or 1=1--

查询语句为

SELECT * FROM admins WHERE name='' or 1=1--' and pass=''

时，就可以形成 SQL 注入式攻击。

3. 目录设置

Web 安全的第一步就是正确设置目录。每个目录下应该有 index. html 或 main. html 页面，或者严格设置 Web 服务器的目录访问权限。如果 Web 程序或 Web 服务器处理不当，通过简单的 URL 替换和推测，会将整个 Web 目录暴露给用户，这样会造成 Web 的安全性隐患。

4. 登录测试

现在的 Web 应用系统基本采用先注册后登录的方式，因此必须测试以下内容：
（1）用户名和输入密码是否大小写敏感。
（2）测试有效和无效的用户名和密码。
（3）测试用户登录是否有次数限制，是否限制从某些 IP 地址登录。
（4）口令选择是否有规则限制。
（5）哪些网页和文件需要登录才能访问和下载。
（6）系统是否有超时的限制，也就是说，用户登录后在一定时间内（如 15min）没有点击任何页面，是否需要重新登录才能正常使用等。

5. 日志

为了保证 Web 应用系统的安全性，日志文件是至关重要的。需要测试相关信息是否写进了日志文件，是否可追踪。在后台，要注意验证服务器日志是否正常工作。

6. Socket

当使用了安全套接字 Socket 时，还要测试加密是否正确，检查信息的完整性。

7. 服务器端的脚本

服务器端的脚本常常构成安全漏洞，这些漏洞又常常被黑客利用，所以只要测试没有经过授权，就不能在服务器端放置和编辑脚本的问题。

7.3　Web 应用测试环境搭建

测试环境是指为了完成软件测试工作所必需的硬件、软件、网络、数据、测试工具等环境。

根据测试需要，Web 应用系统环境一般应搭建 Web 服务器、数据库服务器、网络、客户端浏览器等基本环境。

1. 常用的 Web 服务器

1）Apache

下载：http://www.apache.org/dyn/closer.cgi。

安装：双击运行安装程序即可。

2）Tomcat

下载：http://tomcat.apache.org。

安装：由于 Tomcat 是一个 Java Web 服务器，所以需要配置好 Java 环境（下载安装 Java JDK、配置 Java 环境变量），然后运行 Tomcat 安装文件，安装时注意安装目录，安装完成后要配置和 Java 一样的环境变量。

2. 常用的数据库服务器

常用的数据库服务器是 MySQL。

下载地址：http://mysql.com/downloads。

安装：直接运行安装程序。按提示安装完成后，需要对数据库进行配置，包括 MySQL 应用类型、数据库用途、数据存放位置、数据库最大连接数、监听端口（默认为 3306）、超级用户密码等。

3. 集成环境包

XAMPP（Apache + MySQL + PHP + Perl）是一个功能强大的建站集成软件包，相比直接安装和配置 Apache 服务器来说，它非常容易安装和使用。

下载地址：https://www.apachefriends.org/zh_cn/index.html。

安装：直接运行安装程序。

7.4　Web 应用测试工具概述

本节主要介绍 Web 应用测试工具，包括 Selenium、JMeter、JProfiler 及安全性测试工具。

7.4.1　Selenium

Selenium（http://seleniumhg.org）是 ThoughtWorks 专门为 Web 应用而开发的自动化

测试工具集，适合进行功能测试、验收测试。Selenium 由几个测试工具承担不同的角色，从而构成一个针对 Web 应用的、完整的自动化测试解决方案，如图 7-1 所示。

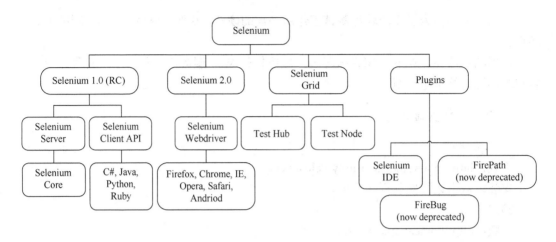

图 7-1　Selenium 工具的构成关系

（1）Selenium IDE（集成开发环境），Firefox 的插件（Plug-in），可以录制、回放并编辑测试脚本，是 Selenium 脚本的开发平台。

（2）Selenium Core（核心）是符合断言（assertion）机制的、测试套件执行的平台，它是整个 Selenium 测试机制的核心部分，由纯 JavaScript 代码组成，负责具体测试任务的执行。

（3）Selenium WebDriver 能从本地或远程驱动相应的浏览器。

（4）Selenium Server（早期的 remote control）：一个代理与控制端，代替 Selenium Core/Selenium IDE 的客户端，从而可以在远程服务器上执行测试任务，并支持多种脚本语言，如 Java、.NET、Perl、Python 和 Ruby。

（5）Selenium Grid 可以并行地运行多个 Selenium RC（server）的实例，从而在分布式环境中同时运行多个测试任务，并能在一台服务器上控制这些任务的执行，极大地加快了 Web 应用的功能测试。

Selenium 的主要优势如下：

（1）适合 Web 应用的测试，可直接运行在浏览器中（WebDriver），所见即所得，就像真正的用户在操作一样，可进行一系列的系统功能测试，因为 Selenium 的核心是用 JavaScript 编写的。

（2）跨平台，支持多操作系统（Windows、Mac OS 和 Linux）和各种浏览器（如 IE、Mozilla Firefox）。

（3）支持分布式应用的测试，构造一个完整的解决方案，包括控制器、远程测试机等。

（4）支持两种开发脚本的模式 Test Runner（HTML 文件）和 Driven（脚本语言编写），使测试既可以完全在浏览器内运行，也可以脱离浏览器在远程服务器上运行。

（5）支持多种脚本语言，包括 Java、C#、PHP、Perl、Python 和 Ruby 等。

首先可以通过 Selenium IDE 进行一个简单的测试过程来理解自动化功能测试的过程

及其特点。用 Firefox 直接从 http://Seleniumhq.org/projects/ide 下载 Selenium IDE，下载完成后，浏览器会自动提示安装，单击"立即安装"按钮就能完成安装。安装成功后，重启Firefox，菜单"工具"下会出现 Selenium IDE 命令。单击 Selenium IDE 命令，启动 SeleniumIDE，出现主界面，可以展开左边 Test Case 窗口，默认是不展开的。展开后的界面如图 7-2 所示，包括：

（1）基准网页地址（Base URL），被测试网站的主地址。

（2）脚本窗口，显示某个测试用例的脚本。

（3）命令（Command/Target/Value）显示和编译的窗口（脚本窗口下面）。

图 7-2　Selenium IDE 界面

Selenium 的使用举例如下：

1）录制测试脚本

打开京东首页 http://www.jd.com，并且单击"录制"按钮●开始录制。打开 SeleniumIDE，默认为录制状态，如图 7-3 所示。

然后单击 Selenium IDE 的●按钮，结束录制。录制的脚本可以在脚本窗口中浏览。

2）调试

录制好了之后，单击播放按钮。如果某元素无法找到，将最终导致测试用例无法通过，但不用担心。一般来说，都不会正常通过的，需要手动对代码进行修改，在该页面上进行调试。快捷键 S 为设置起点，B 为设置断点。注意：在使用该功能的时候，需要手动将页面按照其前面部分的操作顺序单击，如图 7-4 所示。

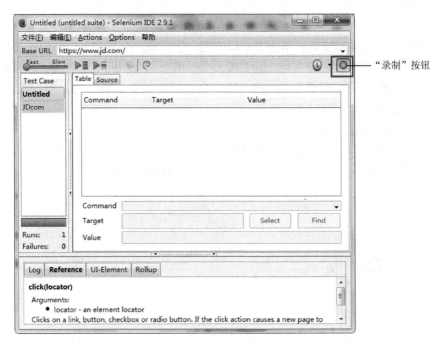

图 7-3　录制测试脚本

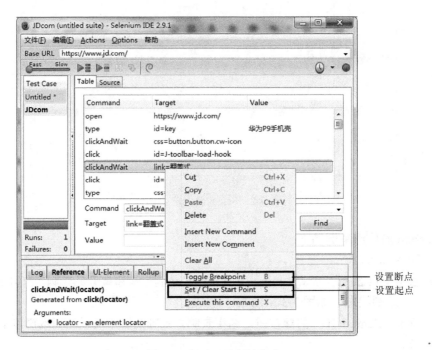

图 7-4　调试已录制的脚本

3）导出录制结果

如图 7-5 所示，可设置导出代码的格式和不同的输出语言。

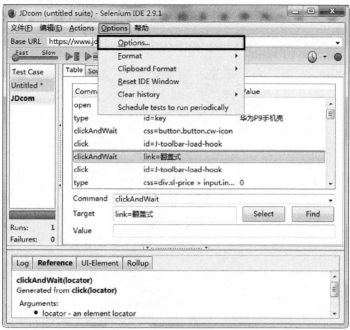

（a）打开设置界面

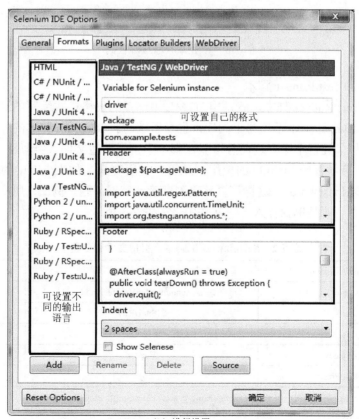

（b）进行设置

图 7-5　设置导出代码的格式和输出语言

可设置脚本导出为 Java 代码，如图 7-6 所示，然后将导出的文件在 Eclipse 中进行修改，使其可以正常运行。

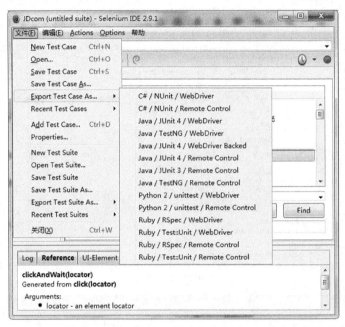

图 7-6　导出脚本为 Java 代码

4）Selenium Test Runner 脚本

Selenium Test Runner 脚本，就是用 HTML 中简单的表格格式编写的测试用例，所以 Selenium Test Runner 脚本不仅易于阅读，也易于编写。Selenium 脚本的开发也是比较灵活的，不仅提供了几百个命令，而且可以在脚本中引用其他文件（类似于 C 语言的头文件），如表 7-2 第 1 行的 include 的使用；还可以使用变量，如表 7-2 中的${SiteURL}、${userName}和${password}，这样可以解决测试输入数据问题。例如，用户名和口令就不需要放在脚本中，而是单独存入一个文件中，如表 7-3 所示。

表 7-2　Selenium 测试脚本（引用文件和变量）

Command/Assertion	Target	Value
include	../../.common/SetVariable. html	
open	${SiteURL}	
pause	2000	
selectWindow	Header	
waitForTextPresent	Login	
click	//a[cnains(@ href，"iavascript：Login()；')]	
Select Window	mainFrame	
waitForTextPresent	userName	

续表

Command/Assertion	Target	Value
type	userName	${userName}
type	password	${password}
clickAndWait	//input[@ name='Submit']	
verifyTextPresent	Login Success	

表 7-3　common/SetVariable.html 的内容

设置变量的值（set variable）		
storeGlobal	cn.calendar.yahoo.com	siteURL
echo	${SiteURL}	
storeGlobal	testuser	userName
storeGlobal	1234567	password

5）Selenium 驱动模式脚本

Selenium 驱动模式脚本支持多种编程语言，在浏览器之外的一个单独的进程中运行。驱动模式脚本比 Selenium Test Runner 脚本更强大、更灵活，可以与 xUnit 框架集成，但是驱动模式脚本编写和部署相对复杂，需要经过下列过程：

（1）启动服务器，并部署被测试的应用程序。

（2）部署测试脚本。

（3）启动浏览器，发送命令到 browser bot。

（4）验证 browser bot 执行命令的结果。

驱动模式脚本更依赖于应用程序运行的环境。例如，Java 驱动程序使用一个嵌入式 Jetty 或 Tomcat 实例来部署所测试的应用程序。browser bot 就是 Selenium Core，负责执行从测试脚本接收到的命令，而驱动程序与 browser bot 之间的通信使用一种简单的、特定的连接语言 Selenese。

6）Selenium 测试用例开发

测试用例开发涉及 4 类文件，除了引擎库以外，其他三类文件都是可以根据具体情况去修改的。

（1）主文件：TestRunner.html/TestRunner.hta（.hta 文件是 HTMLapplication，Windows 平台特有）。

（2）Test Suite（测试套件）和 Test Case（测试用例）文件，通过以表格为基础的 HTML 文件来实现。测试套件用于将具有类似功能的一些测试用例编成一组，以便能按顺序执行一系列的测试用例。

（3）引擎库 js 文件：位于 Selenium 根目录下的核心文件，即 html-xpath 目录下的那个文件——所需的库文件。

（4）user extensions.js：用来扩展 Selenium 的文件，用户自定义的函数和扩展的命令都应该放在这个文件中。

Selenium 部署完毕后，可以通过浏览器 URL 来访问 TestRunner.html 文件。由 TestRunner.html 调用相应目录下的测试套件——TestSuite.html。测试套件也是 HTML 格式的表，表中的每行指向一个包含某个测试用例的文件。再由 TestSuite.html 调用相应的测试用例（测试脚本）执行测试。可以修改 TestSuite.html 文件，让其指向自己开发的 TestCase.html 文件。如表 7-4 中所示的定义全局变量的 setVariable.html 和两个测试用例的文件 login.html 和 logout.html。

表 7-4　测试套件的 HTML 文件示例

选择	名称	对应的测试用例脚本文件
input.send_keys("SetVariable")	SetVariable	../../common/SetVariable.html
button=browser.find_element_by_class_name("login")	login	../module/login/login.html
button=browser.find_element_by_class_name("logout")	logout	../module/logout/logout.html

7.4.2　JMeter

JMeter 是开源的性能测试工具的代表，最早是为了完成 Tomcat 的前身 Jserv 的性能测试而诞生的。随着 J2EE 应用的不断发展，其功能不再局限于 Web 服务器的性能测试，还涵盖了数据库、文件传输协议（file transfer protocol，FTP）、轻量目录访问协议（lightweight directory access protocol，LDAP）服务器等各种性能测试，以及可以和 JUnit.ant 等工具的集成应用。它可以针对服务器、网络或其他被测试对象等模拟大量并发负载来进行强度测试，并分析不同压力负载下的系统整体性能，包括性能的图形分析、产生相应的统计报表，包括各个 URL 请求的数量、平均响应时间、最小/大响应时间、错误率等。

JMeter 内部实现了线程机制（线程组（thread group）），如图 7-7 所示，用户不用为并发负载的过程编写代码，只需做简单配置即可。同时，JMeter 也提供了丰富的逻辑控制器，控制线程的运行。

图 7-7　JMeter 线程组及其设置

1. JMeter 主要构成组件

（1）测试计划作为 JMeter 测试元件的容器，是使用 JMeter 进行测试的起点。

（2）线程组代表一定数量的并发用户，用来模拟并发用户发送请求，实际的请求内容在采样器（sampler）中定义。

（3）逻辑控制器可以自定义 JMeter 发送请求的行为逻辑，它与采样器结合使用可以模拟复杂的请求序列。

（4）采样器定义包括 FTP、HTTP、简单对象访问协议（simple object access protocol, SOAP）、LDAP、传输控制协议（transmission control protocol, TCP）、JUnit、Java 等各类请求，如 HTTP 请求默认值负责记录请求的服务器、协议、LDAP 等参数值。

（5）配置单元（config element）维护采样器需要的配置信息，并根据实际的需要来修改请求的内容，配置单元包括登录配置单元、简单配置单元、FTP/HTTP 配置单元等。

（6）定时器（timer）负责定义请求之间的延迟间隔。

（7）断言（assetion）用来判断请求响应的结果是否如用户所期望的，它可以用来隔离问题域，即在确保功能正常的前提下执行压力测试，这个限制对于有效的测试是非常有用的。

（8）监听器（listener）负责收集测试结果，并可以设置所需的、特定的结果显示方式。

（9）前置处理器（pre processor）和后置处理器（post processor）负责在生成请求之前和之后完成工作，前置处理器常用来修改请求的设置，后置处理器常用来处理响应的数据。

2. 如何使用 JMeter 进行性能测试

使用 JMeter 进行性能测试，其操作相对简单，如以 Web 服务器的性能测试为例，按下列 5 个步骤进行操作就基本能完成测试任务：

（1）在 JMeter 里增加一个线程组、一个简单控制器、一个 Cookie 管理器、一个综合图形器（Aggregate graph）和若干个 HTTP 请求。

（2）在线程组中定义线程数、产生线程发生的时间和测试循环次数。

（3）在 HTTP 请求中定义服务器端口、协议和方法、请求路径等。

（4）配置用户登录信息，进行安全设置，如完成 HTTP URL 重写修饰符或 HTTP Cookie 管理器的有关配置。有时，还需要增加响应断言或 HTML 断言，确定系统是否做出正确的响应、用户登录是否成功等。

（5）添加"图形结果""表格查看结果"等监听器，负责收集和显示性能测试结果。

对于一些数据加密传送的应用，需要增加 Access Log Sampler 采样器，在此之前，要获得被测试应用的相关 Log 数据。如果要监听被测试服务器的系统资源（内存、CPU 等），需要增加一个"监视器结果"监听器。要获得被测试服务器的系统资源数据，一般需要登录服务器，所以这时需要在配置元件中增加一个"HTTP 授权管理器授权"，添加相应的配置记录，使 JMeter 可以访问被测试服务器。

7.4.3　JProfiler

JProfiler 是一个比较好的服务器性能测试工具，它能实时监控系统的 CPU、内存、线程、JVM（Java 虚拟机）等运行或性能的动态状况，可以找到性能瓶颈、内存泄漏等问题，并通过堆遍历进行资源回收器的根源性分析。JProfiler 还提供不同的方法来记录访问树以优化性能和细节,在视图中可以灵活选择线程或者线程组,而所有的视图可以聚集到方法、类、包或组建等不同层次上。

JProfiler 分析器提供有用的 Java 服务器应用信息,有助于优化应用的性能,特别是在高负载下的应用分析。借助 Java 虚拟机分析器界面(JVMPI)可以监控运作的方式以及 JVM 运行任何 Java 程序时的关键事件——从单独的应用程序到 Applet、Servlet 和 JavaBeans(EJB)组件。在分析器内启动一个程序意味着生成、捕捉和观察大量数据,因此所有的分析器都包含不同的方法来控制数据的流动,在不同的标准以及每一个封包的基础上进行过滤,同样可以使用灵活的正则表达式类型模式来完成。

在本节中,使用 JProfiler 创建一个性能监控分析环境,跟踪本地和远程服务器程序,并主要专注于三个性能问题,即内存、垃圾回收和多线程运行状况,从而很好地监视 JVM 运行情况及性能。

如图 7-8 所示,JProfiler 几乎支持所有常用的 IDE 和应用服务器,可以到其官方网站 http://www.Ej-technologies.com 下载,申请一个 10 天的试用注册码。

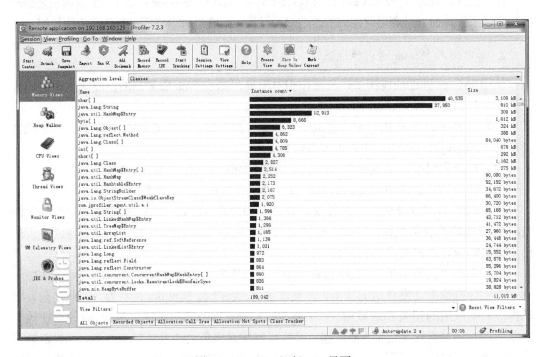

图 7-8　JProfiler 运行 IDE 界面

1. 内存、CPU 剖析和堆遍历

JProfiler 内存视图(Memory Views)可以直观地(如列表、分配访问树等)提供动态的内存分配和使用情况,并且能够显示当前存在的方法、类、包、对象和成为垃圾回收的对象。而 JProfiler CPU 视图(CPU Views)包括访问树、热点和访问图等,例如,访问树自顶向下显示 JVM 中已记录的访问队列。Java 数据库连接（Java database connectivity，JDBC）、Java 消息服务（Java message service，JMS）以及 Java 命名和目录接口（Java naming and directory interface，JNDI）服务请求都被注释在请求树中，并能根据 Servlet 和 JSP 对 URL 的不同需要进行拆分。

在 JProfiler 堆遍历器 Heap Walker 中，可以对堆的状况进行快照并且可以通过选择步骤寻找感兴趣的对象，堆遍历器有类、分配、索引、数据和时间等视图，如分配视图可以为所有记录对象显示分配数和分配热点，而数据视图为单个对象显示实例和类数据。

2. 线程剖析

JProfiler 线程视图（thread profile）包括：

（1）线程历史，显示一个与线程活动和线程状态在一起的活动时间表。

（2）线程监控，显示一个列表，包括所有的活动线程及其当前的活动状况。

（3）死锁探测（deadlock detection）图表，显示一个所有包含在 JVM 里的死锁图表。

（4）当前线程监测器，显示正在被使用的线程及其关联的线程。

（5）历史检测记录，显示重大的等待事件和阻塞事件的历史记录。

（6）监测使用状态统计，显示被监测的线程分组、各类统计数据。

3. 虚拟机（VM）遥感勘测技术

JProfiler 提供了不同的遥感勘测视图（VM Telemetry Views），通过图像直观地显示堆（heap）、记录的对象、垃圾回收（garbage collector）、类、线程等的活动时间表。

4. 本地监控

（1）安装 JProfiler 和 JBuilderX，然后运行 JProfiler，打开 SessionIDEintegration tab，IDE 选择 Borland JBuilder，选择 JBuilder 的安装目录并确认，就完成以 OpenTool 的形式将 JProfiler 整合到 JBuilder 中。

（2）运行 JBuilder，打开 RunConfigurations，选择或新建一个 Runtime，在 Optimize 项中就可以看到 JProfiler，可以选择每次运行程序新建一个 JProfiler 窗口的提示设置。

（3）单击 Optimize Project 按钮，运行程序，弹出如图 7-9 所示的 Application Settings 对话框，确认相关的信息即可。

（4）至此，可以监控本地服务器各个方面的性能，如内存、CPU、线程等剖析视图，如图 7-10～图 7-12 所示。

5. 远程监控

由于服务器一般运行在远程的服务器设备上，所以需要远程监控服务器资源，一般会安装在 Linux 操作系统上，运行类似于./JProfiler_linux-6-0.sh 的命令执行文件，如果没有安装 XServer，则要在命令后添加"-q"参数，JProfiler 会安装在/opt 目录下。然后进行配置，

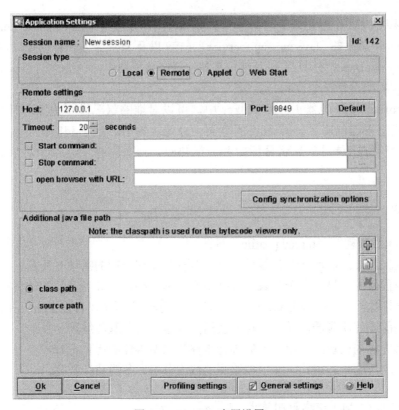

图 7-9　JProfiler 应用设置

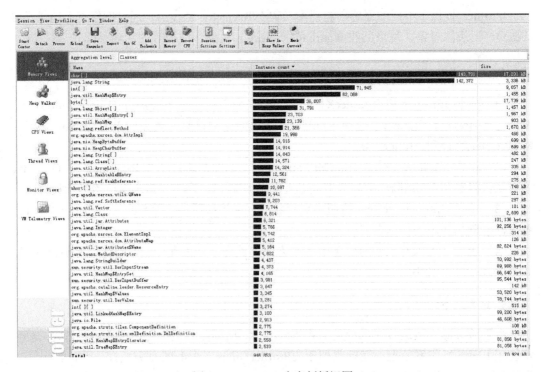

图 7-10　JProfiler 内存剖析视图

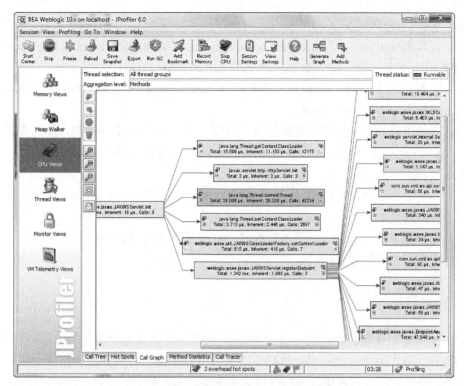

图 7-11　JProfiler CPU 内存剖析视图

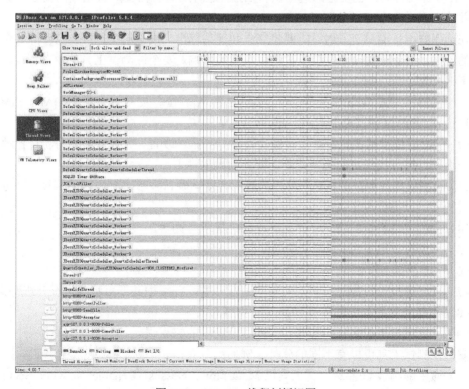

图 7-12　JProfiler 线程剖析视图

详细内容可以从 http://resources.ej-technologies.com/jprofiler/help/doc/help.pdf 下载 help.pdf 文件。

（1）打开本地 JProfiler，选择 Session Integration Wizards|New Remote Integration，选择 On a Remote Computer，在 Platform 上选择 Linux x86/AMD64，单击 Next 按钮。

（2）输入远程 IP 地址，单击 Next 按钮。再输入 JProfiler 的安装目录，默认都安装在 /opt/JProfiler4 下，单击 Next 按钮。

（3）按照出现的提示框来配置服务器，例如，在 Java 执行语句中加入下列参数：

　　　-Xint -Xrunjprofiler:port=8849 -Xbootclasspath/a:/opt/jprofiler4/bin/agent.jar;

在/etc/profile 中加入：

　　　　　　　export LD_LIBRARY_PATH=/opt/jprofiler4/bin/linux-x86

然后退出后重新登录。

（4）配置完毕后先运行远程服务器程序，再打开本地的 JProfiler 程序，"握手"成功后远程程序即可正常运行了。

7.4.4　安全性测试工具

安全性测试一直充满着挑战，安全和非法入侵/攻击始终是矛和盾的关系，所以安全性测试工具一直没有绝对的标准。虽然有时会让专业的安全厂商来远程扫描企业的 Web 应用程序，验证所发现的问题并生成一份安全聚焦报告。但由于控制、管理和商业秘密的原因，许多公司喜欢自己实施渗透测试和扫描，这时用户就需要购买相关的安全性测试工具，并建立一个安全可靠的测试机制。

在选择安全性测试工具时，需要建立一套评估标准。根据这个标准，能够得到合适且安全的工具，不会对软件开发和维护产生不利的影响。安全性测试工具的评估标准，主要包括下列内容：

（1）支持常见的 Web 服务器平台，如 IIS 和 Apache，支持 HTTP、SOAP、SIMP 等通信协议及 ASP、JSP、ASP. NET 等网络技术。

（2）能同时提供对源代码和二进制文件进行扫描的功能，包括一致性分析、各种类型的安全性弱点等，找到可能触发或隐含恶意代码的地方。

（3）漏洞检测和纠正分析。这种扫描器应当能够确认被检测到漏洞的网页，以可理解的语言和方式来提供改正建议。

（4）检测实时系统的问题，如死锁检测、异步行为等。

（5）持续有效地更新其漏洞数据库。

（6）不改变被测试的软件，不影响代码。

（7）良好的报告，如对检测到的漏洞进行分类，并根据其严重程度进行等级评定。

（8）非安全专业人士也易于上手。

（9）可管理部署的多种扫描器、保证尽可能小的错误误差等。

安全性测试工具可以有不同的分类，例如：

（1）通用漏洞检测/渗透测试工具以 Metasploit、Nessus（Tenable Network Security）为代表，包括 Core impact、Immunity Canvas、X-Scan、WebRavor、Aurora600 等。

（2）Web 应用/网站专业扫描工具，包括 W3AF、Paros、Burp Suite、Websense Web Security Suite、Acunetix Web Vulnerability Scanner、N-Stalker Web Application Security Scanner、Watchfire AppScan、IBM Rational Appscan、HP WebInspect 等。

（3）注入漏洞检测工具 Pangolin。

（4）数据库漏洞扫描工具 App Detective（Application security）。

（5）密码/网络破解工具，以 John the Ripper、Cain & Abel、Hydra 等为代表。

（6）网络扫描工具，以 Nmap 为代表，还有 Netcat、SuperScan、Zmap、Snort 等。

（7）嗅探工具，以 Wireshark 为代表，还有 Ettercap、Dsniff。

（8）无线测试工具，以 Aircrack-ng 为代表，还有 Kismet、WiFiScanner 等。

下面侧重介绍一些容易得到的、开源的安全性测试工具。

（1）Metasploit（www.metasploit.com）是一款开源的、通用的安全漏洞检测工具（框架），Metasploit 将负载控制、编码器、无操作生成器和漏洞整合在一起，成为一条研究高危漏洞的途径，它继承了各平台上常见的溢出漏洞（生成漏洞库）和流行的 shellcode，从而只要选择攻击目标，发送测试就可以完成漏洞检测工作，验证绝大多数的安全漏洞。它不仅提供漏洞检测，还可以进行实际的入侵工作，对管理专家驱动的安全性进行评估，提供真正的安全风险情报。

（2）Nessus（http://www.tenable.com/products/nessus）是一款 B/S 架构的系统漏洞扫描与分析软件，可以指定对本机或者其他可访问的服务器进行漏洞扫描，生成详尽的用户报告，包括脆弱性、漏洞修补方法以及危害级别等。Nessus 的扫描程序与漏洞库相互独立、因而可以方便地更新其漏洞库，同时提供多种插件的扩展和一种语言——NASL（nessus attack scripting language）用来编写测试选项，极大地方便了漏洞数据的维护、更新。

（3）W3AF（http://w3af.org）是一个用 Python 编写的 Web 应用安全的攻击、审计平台，通过增加插件来对功能进行扩展，目前已经集成了非常多的安全审计及攻击插件，如自定义 request 功能、Fuzzy request 功能、代理功能、加解密功能（非常多的加解密算法），支持图形用户接口（GUI），也支持命令行模式。

（4）Paros（http://sourceforge.net/projects/paros）是基于 Java 的 Web 代理程序，可以评估 Web 应用程序的漏洞，如 SQL 注入、跨站点脚本攻击、目录遍历、CRLF 注入攻击等漏洞。它包括一个 Web 通信记录程序、Web 圈套程序（Spider）、散列（Hash）计算器，支持动态地编辑、查看 HTTP/HTTPS，从而改变 Cookie 和表单字段等项目。还有一个可以测试常见的 Web 应用程序攻击的扫描器。

（5）WebScarab（https://www.owasp.org/index.php，WebScarab_Getting_Started）可以分析使用 HTTP 和 HTTPS 进行通信的应用程序，WebScarab 可以用最简单的形式记录它观察的会话，并允许操作人员以各种方式观察会话。

（6）Nikto（https://www.netsparker.com）是开源的 Web 服务器扫描程序，可以对 Web 服务器的多种项目（包括 3500 个潜在的危险文件/CGI，以及超过 900 个服务器版本，还有 250 多个服务器上的版本待定问题）进行全面的测试。可以自动更新扫描项目和插件，支持 LibWhisker 的反入侵检测系统（intrusion detection system，IDS）方法，类似的工具有 Wikto、Whisker。

（7）Wapiti（http://wapiti.sourceforge.net）是由 Python 语言编写的、开源的安全性测试工具，直接对网页进行扫描，可用于 Web 应用程序漏洞扫描和安全检测。

小　　结

随着 Web 开发技术和应用水平的飞速发展，用户对 Web 系统的功能、性能、安全性、稳定性等提出了更高的要求。Web 应用程序在发布之前必须进行深入全面的测试。本章从 Web 应用测试的概念、分类、测试环境的搭建和常用 Web 应用测试工具等方面，介绍了 Web 应用测试的基本原理、基本方法和技术。

习　　题

1. Web 应用测试包括哪些内容？
2. 如何搭建 Web 测试环境？
3. Cookie 和 Session 的区别是什么？
4. Web 性能测试的主要类型有哪些？
5. 访问网站时，可导致访问速度慢的因素有哪些？
6. 简述常用的 Web 应用测试工具。

第8章　自动化测试与应用

　　软件测试实行自动化进程，是软件测试工作的需要，能完成手工测试所不能完成的任务，提高测试效率、测试覆盖率，以及测试结果的可靠性、准确性和客观性。
　　本章主要介绍软件自动化测试的概念、原理和方法。基于各种不同类型的自动化测试工具的介绍、使用和讲解，帮助读者掌握软件自动化测试工具的使用技能。

8.1　自动化测试的概念

　　自动化测试（automated test）是相对手工测试（manual test）的一个概念，由手工逐个逐条进行测试的过程变为由测试工具或系统自动执行的过程，包括基本数据的自动输入、结果的验证、自动生成测试报告等。自动化测试主要是通过软件测试工具、脚本生成、场景管理等来实现的，具有良好的可操作性、可重复性和高效率等特点。

8.1.1　自动化测试的定义

　　自动化测试是把以人为驱动的测试行为转换为机器执行的过程，即模拟手工测试步骤，通过执行由计算机程序设计语言编写的脚本，自动完成软件的单位测试、功能测试、负载测试和性能测试等全部测试工作。自动化测试集中体现在实际测试中自动执行的过程。自动化测试虽然需要借助于测试工具，但是仅仅使用测试工具是不够的，还需要借助网络通信环境、邮件系统、后台运行程序、改进的开发流程等因素，由系统自动完成软件测试的各项工作，例如：
　　（1）测试环境的搭建和配置，如自动上传软件包到服务器并完成安装。
　　（2）基于模型实现测试设计的自动化，或基于软件设计规格说明书实现测试用例的自动生成。
　　（3）测试脚本的自动生成。
　　（4）测试数据的自动生成，如通过 SQL 语句在数据库中产生大量的数据记录，进行数据的测试。
　　（5）测试操作步骤的自动执行。
　　（6）测试结果分析，实际输出和预期输出的自动比对和分析。
　　（7）测试流程的自动处理，如测试计划的审批、测试任务的安排和执行、缺陷跟踪等自动化处理。
　　（8）测试报告的自动生成。
　　这样，自动化测试意味着测试过程的自动化和测试管理工作的自动化。如果说整个软件测试过程完全实现自动化，而不需要人工参与和干涉，是不现实的。虽然不能完美地实现自动化，但是人们还在寻求更有效、更可靠的方法和手段，来提高软件测试的效率。某种程度上，"全过程的自动化测试"思想是很重要的，会改变人们进行测试工作的思维和方法，将测试工作带到一个全新的境界。

8.1.2　软件自动化测试的优势

软件测试借助测试工具来实现，克服了手工测试的局限性。自动化测试由计算机系统自动来完成，机器执行速度快，会严格按照程序脚本执行，出错较少，所以自动化测试的优势也很明显，例如：自动运行的速度快，执行效率高；永不疲劳；测试结果准确、可靠；可复用性高。

正是这些特点，自动化测试弥补了手工测试的不足，给软件测试带来以下益处：

（1）缩短软件开发测试周期。

（2）能提供更高质量的产品。

（3）软件开发过程更规范。

（4）测试效率高，充分利用硬件资源。

（5）节省人力资源，降低测试成本。

（6）增强系统的稳定性和可靠性。

（7）提高软件测试的准确度和精确度。

（8）手工不能做的事情，测试工具可以完成，如负载测试、性能测试。

8.2　自动化测试的实现原理

软件自动化测试实现的基础是通过特定的程序（包括脚本、指令）模拟测试人员对软件系统的操作过程，如测试过程的录制、捕获和回放，其中最重要的就是首先识别用户界面的元素以及鼠标、键盘信息的输入，将操作过程转换为测试工具可执行的脚本；然后对脚本进行优化和加强，加入测试的验证点，加入代码增加的特定函数脚本；最后通过测试工具运行开发脚本，并进行场景监视和数据分析，将实际输出记录和预先给定的期望结果进行自动对比和分析，确定是否存在差异。无论是功能测试，还是性能测试，自动化实现的方式都比较接近。只不过功能测试侧重于功能验证，而性能测试需要模拟成千上万的虚拟用户。

8.2.1　代码分析

代码分析工具主要体现在集成开发环境中，多数代码编辑器都可以实时进行代码检查、直接定位或高亮显示警告信息及可能的代码错误。除了内建的静态分析外，大部分集成开发环境都有可选的插件来执行更全面的代码分析。例如，Eclipse 在"源代码分析器"的分类列表中有多达几十种插件，这些插件包括：

（1）代码规则或者是代码风格的检查工具，如 Checkstyle、FindBugs（见图 8-1）、PMD 等。

（2）检查和移出冗余代码的分析器，如 Duplication Management Framework。

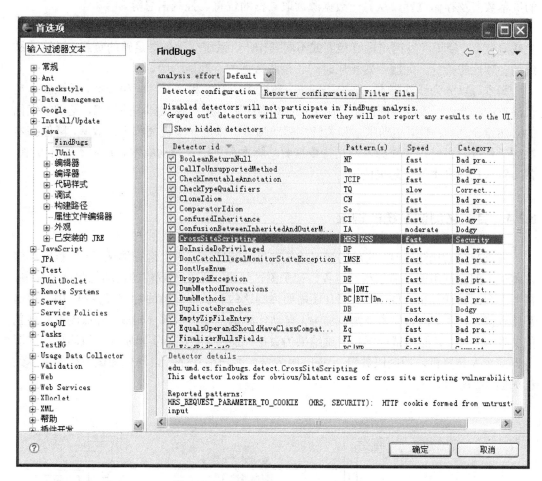

图 8-1　Eclipse 中的 FindBugs 规则设置

8.2.2　对象识别

测试工具能够实现对用户界面的操作，要么通过屏幕的实际像素坐标来定位，要么通过寻找用户界面（UI）上的对象（如窗口、按钮、滚动条）来定位。前者方法虽然简单，但生成的脚本可读性差，不容易维护。现在越来越多的测试工具选择对象识别方法。图形用户接口（GUI）对象的识别工具比较多，微软 Visual Studio 中就包含 Spy＋＋，它可以用来识别各种 Windows 的 GUI 对象。

8.2.3　脚本技术

脚本是一组测试工具执行的指令集合，也是一种计算机程序。脚本可以通过录制的操作自动产生，再进行修改和完善，这样可以减少直接开发脚本的工作量。当然，也可以直接用脚本语言编写脚本。测试工具脚本中包含数据和指令，并包括同步、比较信息、捕获的屏幕数据及存储位置、从另一数据源读取数据的位置、控制信息等。

脚本技术不仅用在功能测试上，用来模拟用户的操作再进行比对，而且可以用在性能、负载测试上，模拟并发用户进行相同或不同操作，给系统或服务器足够的负载，以检验系统的各项性能指标，如服务器相应时间、系统数据的吞吐能力等。

脚本可以分为线性脚本、结构化脚本、数据驱动脚本和关键字驱动脚本。线性脚本是最简单的脚本，一般由系统自动录制生成；结构化脚本是对线性脚本的加工，是脚本优化的必然途径之一；数据驱动脚本和关键字驱动脚本可以进一步提高脚本的效率，降低脚本维护工作量。目前，多数脚本都支持数据驱动脚本和关键字驱动脚本。在脚本的开发中，常常将这几种脚本结合起来使用。

8.2.4　自动化测试系统的构成

在进行自动化测试时，简单的情况就是在单台测试计算机上运行测试工具，执行存储在本机上的测试用例，显示测试过程，记录测试结果。但在大规模的自动化测试过程中，需要多台测试计算机协同工作，而且还需要控制这些测试计算机的特定服务器，用于存储和管理测试任务、测试脚本及测试结果。自动化测试主要由六部分构成：存放测试软件包的文件服务器，存储测试用例和测试结果的数据库服务器，测试实验室或一组测试用的服务器或个人计算机，控制服务器，Web 服务器，客户端程序。自动化测试系统的基本结构如图 8-2 所示。

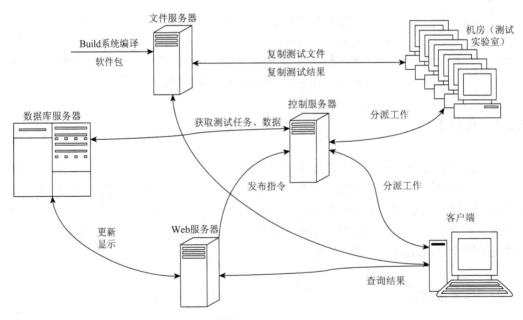

图 8-2　自动化测试系统的基本结构

8.3　自动化测试的实施

8.3.1　测试工具的分类

（1）根据测试方法不同，测试工具分为白盒测试工具和黑盒测试工具、静态测试工具和动态测试工具等。

（2）根据工具的来源不同，测试工具分为开源测试工具（多数是免费的）和商业测试工具、自主开发的测试工具和第三方测试工具等。

（3）根据测试的对象和目的，测试工具分为单元测试工具、功能测试工具、性能测试工具和测试管理工具等。

在平时的应用中，大家不太关注是白盒测试还是黑盒测试，是静态测试还是动态测试，而关心的是解决的问题，是解决了功能测试还是性能测试的问题，更关心工具能完成什么样的测试问题，因此在后面的章节中，将按功能测试工具和性能测试工具分类进行详细讨论。

1. 白盒测试工具

白盒测试工具是针对程序代码、程序结构、对象属性、类层次进行测试，测试中发现的缺陷可以定位到代码行，单元测试工具多属于白盒测试工具。白盒测试工具可以进一步分为静态测试工具和动态测试工具。静态测试工具主要有 Compuware 公司的 CodeReview、PR 公司的 PRQA 软件等，动态测试工具主要有 Compuware 公司的 DevPartner 软件、IBM公司的 Rational Purify 系列。

2. 黑盒测试工具

黑盒测试工具，一般是通过 GUI 来实现自动化测试，即利用脚本的录制（record）/回放（playback），模拟用户的操作，然后将被测系统输出记录下来用预定的标准结果进行比对。黑盒测试工具一般应用于系统的功能测试、负载测试和性能测试等，程序的复用性比较好，适合进行大规模的回归测试和各种性能测试。GUI 功能测试工具主要有 HP 公司的 QTP、IBM 公司的 Rational Funtional Tester、Parasoft 公司的 WebKing等，性能测试工具主要有 HP 公司的 LoadRunner、IBM 公司的 Rational Performance Tester 等。

8.3.2　测试工具的选择

选择测试工具时，不仅要考虑性能价格比、产品的成熟度，还要考虑测试工具引入的连续性，即对测试工具的选择要有一个全盘的考虑，分阶段、逐步地引入测试工具。一般来说，自动化测试工具的选择步骤如图 8-3 所示。

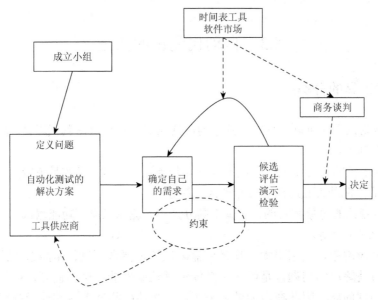

图 8-3　自动化测试工具的选择步骤

8.3.3　自动化测试普遍存在的问题

自动化测试中普遍存在的问题如下：

（1）不正确的观念或不现实的期望。

（2）缺乏具有良好素质、经验的测试人才。

（3）测试工具本身的问题影响测试的质量。

（4）测试脚本的质量低劣。

（5）没有进行有效的、充分的培训。

（6）没有考虑到公司的实际情况，盲目引入测试工具。

（7）没有形成一个良好的使用测试工具的环境。

（8）其他技术问题和组织问题。

8.4　软件功能测试

8.4.1　如何开展功能自动化测试

自动化测试应该被当成一个项目来开展，自动化测试工程师应该具备额外的素质和技能，并且在开展自动化测试的过程中，要注意合理地管理和计划，从而确保自动化测试成功实施。

自动化测试项目依赖人，需要人来使用自动化测试工具、编写自动化测试脚本。作为一名专业的自动化测试工程师，不应该仅仅局限于对工具的掌握和使用，应该建立自动化测试的知识体系，包括以下内容：①自动化在软件测试生命周期中的角色；②自动化测试的类型和接口类型；③自动化测试工具；④自动化框架测试；⑤自动化测试框架设计；⑥自动化测试脚本思想；⑦自动化测试脚本质量优化；⑧编程思想等。在选择自动化测试工具时，最好选择支持标准语言的测试工具，而且所选测试工具尽量与所在项目组的开发人员所使用并熟悉的语言一致，这样可以充分利用现有的编程知识和语言知识，而不需要花时间去熟悉厂商特定的语言，并且可以借助开发人员丰富的开发知识来协助进行测试脚本的设计和编写。

8.4.2　使用 QTP 开展功能自动化测试

QTP 是 HP 公司出品的自动化测试工具，是目前主流的自动化测试工具，支持广泛的平台和开发语言，如 Web、VB、.NET、Java 等。

QTP 是 Quick Test Professional 的简称，是一种自动化测试工具。使用 QTP 的目的是用它来执行重复的自动化测试，主要是用于回归测试和测试同一软件的新版本。因此，在测试前要考虑好如何对应用程序进行测试，如要测试哪些功能、操作步骤、输入数据和期望的输出数据等。

测试用例网站的流程如下：

（1）注册与登录。

（2）测试脚本，包括录制/执行测试脚本，分析录制的测试脚本，执行、查看测试脚本。

（3）建立检查点，包括对象检查、网页检查、文字检查、表格检查、执行并分析使用检查点的测试脚本。

（4）参数化，包括参数化对象和检查点中的值、参数的种类、使用数据表参数、修正受到参数化影响的检查点、执行并分析使用参数的测试脚本。

（5）输出值，包括输出值类型、存储输出值、在脚本中建立输出值、修正表格检查点的预期值。

8.4.3　使用 QTP 录制脚本

下面以 QTP 安装程序附带的 Flight 软件为例，介绍如何使用 QTP 录制一个脚本。当浏览网站或使用应用程序时，QTP 会记录操作步骤，并产生测试脚本。当停止录制后，会看到 QTP 在 Keyword View 中以表格的方式显示测试脚本的操作步骤。插件加载界面和录制设置界面如图 8-4～图 8-6 所示。

单击"Record"按钮自动登录 Mercury Tours 网站，如图 8-7 所示，系统自动登录订票网站，登录成功后，可预订一张机票，如从"New York"到"San Francisco"的机票，成功预订一张机票后，退出系统，预订完机票后，单击"Stop"按钮停止录制，就得到了一个完整的测试脚本。

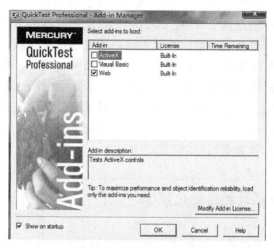

图 8-4　插件加载界面

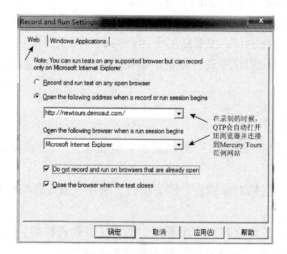

图 8-5　录制设置界面 1

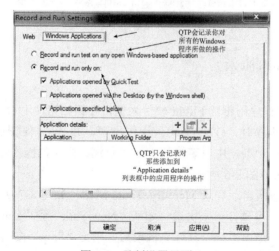

图 8-6　录制设置界面 2

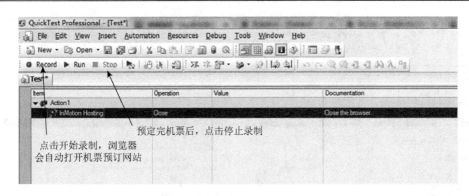

图 8-7　开始录制界面

8.4.4　使用关键字视图和专家视图编辑脚本

录制完脚本后，可以使用 QTP 的关键字视图来编辑脚本，例如，把设置密码的操作，由原本的设置密文的方法"SetSecure"修改为使用设置明文的方法"set"。相应地，把"Value"的值也修改为"mercury"。

修改后，切换到专家视图，可以看到修改后的脚本如下：

```
Dialog("Login").Activate;
Dialog("Login").WinEdit("Agent Name:").set "mercury";
Dialog("Login").WinEdit("Password:").set "mercury";
Dialog("Login").WinButton("OK").Click;
```

第一句是单击登录对话框的标题栏让 Login 窗口处于激活状态；第二句是设置登录用户名；第三句是设置密码；第四句是单击"OK"按钮确认登录。可以看到这些录制的脚本都是按一定的格式编写的，即测试对象.操作值。其中测试对象是 Flight 登录对话框上的那些控件，在录制过程中，QTP 把涉及的测试对象都存储到对象库中，选择菜单"Resources"→"Object Repository"，打开对象库（Object Repository）管理界面，如图 8-8 所示。可以在对象库中对测试对象进行编辑（如改名、调整位置等）、添加、删除等操作。

8.4.5　回放脚本

编辑好脚本后，可以单击"Run"按钮或者快捷键 F5 对脚本进行回放。回放过程中将出现回放设置对话框，用于设置测试脚本运行结果存放的位置，在脚本调试运行过程中一般选择第二项将测试运行结果保存到临时目录。

回放脚本时需要确保 Flight 程序处于登录对话框的初始状态，否则系统将提示找不到对象的错误。回放结束后将出现如图 8-9 所示的测试结果界面。

8.4.6　插入检查点

掌握了如何录制、执行测试脚本以及查看测试结果，只是实现了测试执行的自动化，

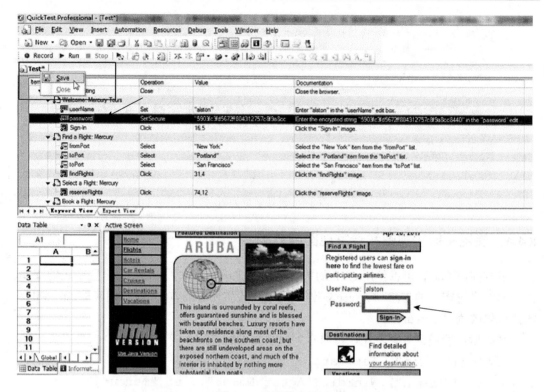

图 8-8　对象管理界面

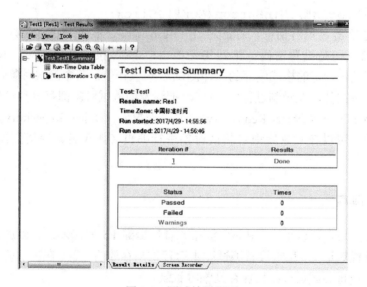

图 8-9　测试结果界面

没有实现测试验证的自动化,所以这并不是真正的自动化测试。下面介绍如何在测试脚本中设置检查点,以验证执行结果的正确性。

检查点是将指定属性的当前值与该属性的期望值进行比较的验证点,能够确定网站或应用程序是否正常运行。当添加检查点时,QTP 会将检查点添加到关键字视图中的当前行并在专家视图中添加一条"检查检查点"语句。运行测试或组件时,QTP 会将检查点的期望结果与当前结果进行比较,若结果不匹配,则检查点就会失败。可以在"测试结果"窗口中查看检查点的结果。

QTP 检查点种类如表 8-1 所示。

表 8-1 QTP 检查点种类

检查点类型	说明	范例
标准检查点	检查对象的属性	检查某个按钮是否被选取
图片检查点	检查图片的属性	检查图片的来源文件是否正确
表格检查点	检查表格的内容	检查表格内的内容是否正确
网页检查点	检查网页的属性	检查网页是否含有不正确链接
文字/文字区域检查点	检查网页上出现的文字是否正确	检查登录系统后出现登录成功的文字
图像检查点	检查网页的图像是否正确	检查网页是否如期显示
数据库检查点	检查数据库的内容是否正确	检查数据库查询的值是否正确
XML 检查点	检查 XML 文件的内容是否正确	检查一个 Web 页面的 XML 文档

依据登录后出现的 Flight 主界面可以判断是否登录成功了,然后按下面的步骤插入对象检查点:首先让 Flight 程序处于主界面打开的状态;然后在 QTP 中单击"Record"按钮开始录制,在录制状态下选择菜单"Insert"→"Checkpoint"→"Standard Checkpoint",接着指向并单击 Flight 主界面的窗口标题区域,出现对象选择界面;最后确认选择"Flight Reservation"窗口作为检查的对象,出现检查点属性设置界面,如图 8-10 所示。

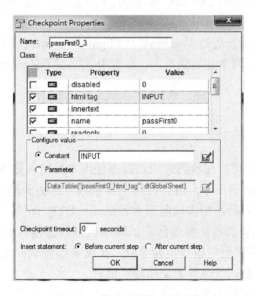

图 8-10 检查点属性设置界面

在检查点属性设置界面挑选"enabled"和"text"作为检查的属性，表示如果"Flight Reservation"窗口的这两个属性值都如 Value 中所设置的一样，则认为检查通过。

设置完毕后，停止录制，脚本变成如下内容：

```
Dialog("Login").Activate;
Dialog("Login").WinEdit("Agent Name:").Set "mercury";
Dialog("Login").WinEdit("Password:").Set "mercury";
Dialog("Login").WinButton("OK").Click;
Window("Flight Reservation").Check CheckPoint("Flight
Reservation");
```

检查点设置完后，回放脚本，会得到检查点通过的提示，如"Standard Checkpoint 'FlightReservation'：Passed"。定义的检查点通过，表明登录成功，并打开 Flight 的主界面"Flight Reservation"窗口。

上面的方法是采用 QTP 的检查点方法，更好的方法是通过编写 VBScript 脚本，加入 if 判断语句来检查"Flight Reservation"窗口对象是否存在，从而判断是否登录成功，如下面的脚本：

```
Dialog("Login").Activate;
Dialog("Login").WinEdit("Agent Name:").Set "mercury";
Dialog("Login").WinEdit("Password:").Set "mercury";
Dialog("Login").WinButton("OK").Click;
if Window("Flight Reservation").Exist(8)then
    Reporter.ReportEvent micPass,"登录","登录成功";
else
    Reporter.ReportEvent micFail,"登录","登录失败";
end if
```

脚本中使用了 if 语句，通过 Windows（"Flight Reservation"）的 Exist 方法来判断对象是否存在，参数 8 表示判断超过的时间，脚本中还使用了 Reporter 对象将判断的结果写入测试运行结果。

8.4.7　参数化

在测试应用程序时，可能想检查对应用程序使用不同输入数据进行同一操作时，程序是否能正常工作。在这种情况下，可以将这个操作重复录制多次，每次填入不同的数据，这种方法虽然能够解决问题，但实现起来太笨拙了。QTP 提供了一个更好的方法来解决这个问题——参数化测试脚本。参数化测试脚本包括数据输入的参数化和检测点的参数化。使用 QTP 可以通过将固定值替换为参数，扩展基本测试或组件的范围，该过程（称为参数化）大大提高了测试或组件的功能和灵活性。

参数的种类有以下四种类型：

（1）测试、操作或组件参数。通过它可以使用从测试或组件中传递的值，或者来自测试中的其他操作的值。为了在特定操作内使用某个值，必须将该值通过测试的操作层次结构向下传递到所需的操作。然后，可以使用该参数值来参数化测试或组件中的步骤。

（2）数据表参数。通过它可以创建使用所提供的数据多次运行的数据驱动的测试（或操作）。在每次重复（或循环）中，QTP 均使用数据表中不同的值。例如，假设应用程序或网站包含一项功能，用户可以通过该功能从成员数据库中搜索联系信息。当用户输入某个成员的姓名时，将显示该成员的联系信息，以及一个标记为"查看＜MemName＞的照片"的按钮，其中＜MemName＞是该成员的姓名。可以参数化按钮的名称属性，以便在运行会话的每次循环期间，QTP 可以标识不同的照片按钮。

（3）环境变量参数。通过它可以在运行会话期间使用其他来源的变量值。这些变量值可能是所提供的值，或者是 QTP 基于选择的条件和选项而生成的值。例如，可以让 QTP 从某个外部文件读取用于填写 Web 表单的所有值，或者可以使用 QTP 的内置环境变量之一来插入有关运行测试或组件的计算机的当前信息。

（4）随机数字参数。通过它可以插入随机数字作为测试或组件的值。例如，要检查应用程序处理大小机票订单的方式，可以让 QTP 生成一个随机数字，然后将其插入"票数"编辑字段中。

这里只介绍使用数据表参数，可以通过创建数据表参数为参数提供可能的值列表。通过数据表参数可以创建使用所提供的数据多次运行的数据驱动测试、组件或操作。在每次重复中，QTP 均使用数据表中不同的值。

参数化测试组件时，需要首先录制访问网站并针对所请求的一条路线来检查可用航班的步骤。然后将录制的路线替换为某个数据表参数，并在数据表的全局表中添加自己的数据集，每条路线一个。例如，在测试脚本中，纽约是个常数值，也就是说，每次执行测试脚本预订机票时，出发地点都是纽约，现在将测试脚本中的出发地点参数化，这样执行测试脚本时就会以不同的出发地点去预订机票。

首先，打开测试脚本，选择要参数化的文字：在视图树中展开 Action1→Welcome：Mercury Tours→Find a Flight：Mercury，在视图树中选择"fromPort"右边的"Value"字段，再单击参数化图标，如图 8-11 所示。

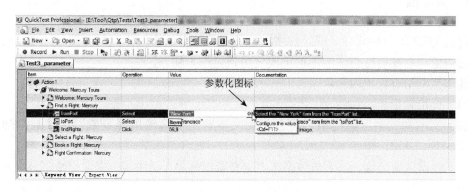

图 8-11　参数化界面

　　设置要参数化的属性，选择"Parameter"选项，这样就可以用参数值来取代"New York"，在参数中选择"Data Table"选项，这样这个参数就可以从 QTP 的 Data Table 中取得，将参数的名字改为"departure"，如图 8-12 所示。

　　单击"OK"按钮确认。参数化以后可以看到树视图中的变化，在参数化之前，这个测试步骤显示"fromPort…Select…New York"，现在，这个步骤变成了"fromPort…Select…Data Table（"departure"，dtGlobalSheet）"。QTP 会在 Data Table 中新增 departure 参数字段，并且插入了一行 New York 的值，New York 会成为测试脚本执行使用的第一个值。在 departure 字段中加入出发点资料，使 QTP 可以使用这些资料执行脚本，在 departure 字段的第二行、第三行分别输入 Portland、Seattle，如图 8-13 所示。

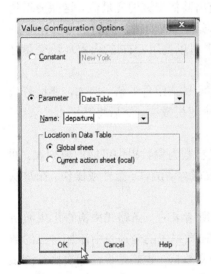
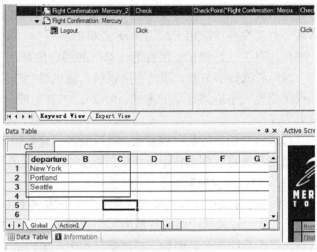

　　图 8-12　参数化设置　　　　　　　　　　图 8-13　增加出发城市

　　执行测试脚本：单击工具栏上的"Run"按钮，开启 Run 对话窗口，检验参数化设置后文字检查点结果是否通过。

8.4.8　输出值

　　通过 QTP 可以检索测试或组件中的值，并将这些值作为输出值存储。此后，就可以检索这些值，并在运行会话的不同阶段使用该值作为输入。

　　输出值类型有以下四种。

　　（1）标准输出值。

　　（2）文本和文本区输出值。可以使用文本输出值来输出屏幕或网页中显示的文本字符串。

　　（3）数据库输出值。基于在数据库上定义查询结果（结果集）来输出数据库单元格内容的值。

　　（4）XML 输出值。在脚本中建立输出值。打开测试脚本，在树视图中，展开"Welcome：

Mercury Tours"并且单击"Select a Flight：Mercury"网页，在"Active Screen"窗口会显示相应的页面。在"Active Screen"窗口中选取 270，然后单击鼠标右键，选择"Insert Text Output"，打开"Text Output Value Properties"对话窗口，单击"Modify"按钮，打开"Output Options"对话窗口，在名字字段显示 Select_a_Flight_MercuryOutput_Text_out，将其改成 depart_flight_price，接受其他默认值，单击"OK"按钮确认，QTP 会在 Data Table 中加入 depart_flight_price 字段，如图 8-14 所示。

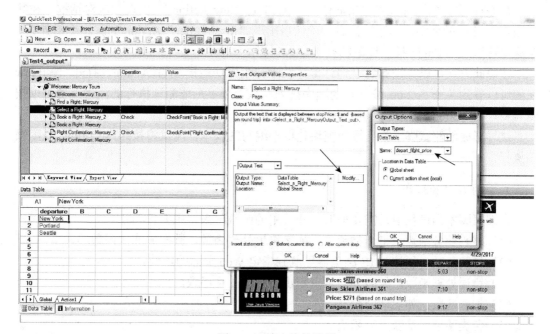

图 8-14　输出值的设置

执行测试脚本的过程如下：

单击工具栏上的"Run"按钮，在执行结果窗口中，单击树视图中的"Run-Time-Data"，可以在表格中看到执行测试时使用的输出值，在 depart_flight_price 字段中显示不同的机票价钱。

8.4.9　构建功能自动化测试框架

就自动化测试脚本编写而言，框架（framework）是指测试脚本的编写方式。录制回放的脚本编写方式是其中一种，通常称为"线性"脚本。这种脚本具有冗余大、可读性差、可维护性差等缺点。下面介绍几种脚本的编写模式。

1. 模块化框架

模块化框架是指按照测试的功能划分不同的模块。这样有利于对不同的功能模块分别开发测试脚本，有利于测试工程师分工，也有利于脚本的重用，如登录模块可能是很多其他模块都要调用的。

　　QTP 提供了 Action 来实现脚本的模块化。之前的脚本都录制到 Action1 中了，这里可以把 Action1 的名字修改为"Login"，方法是在专家视图的 Action1 脚本中单击鼠标右键，选择"Action"→"Action Properties…"，在 Action 属性界面修改 Action 的名字为"Login"。

　　下面添加其他 Action，实现其他功能模块脚本的编写，如插入订单的功能、查询订单的功能、删除订单的功能等。

　　在 QTP 主界面选择菜单"Insert"→"Call To New Action"，出现相应对话框，在其中输入 Action 的名字、描述等信息。确认后出现"InsertOrder"Action 的脚本编辑界面。在这里可以录制 Flight 插入订单的操作，得到测试脚本。

　　按照此方式可以分别得到查询订单、删除订单等功能模块的 Action。打开 TestFlow 视图可以看到各个 Action 按一定的顺序排列，从上到下形成测试执行的流程，也可以按照需要调整 Action 的位置。

　　这样形成的测试脚本就是按照模块化框架编写的脚本，测试将按照 TestFlow 视图顺序执行。

2. 函数库结构框架

　　在编写脚本的过程中，需要抽取一些公用的函数出来，主要包括：

　　（1）核心业务函数、工具类函数，如字符串处理函数、数据库连接函数等。

　　（2）导航函数，如控制 IE 浏览器导航到指定 Web 页面的函数。

　　（3）错误处理函数，如碰到异常窗口出现时的处理函数。

　　（4）加载函数，如启动函数。

　　（5）各类验证（检查点）函数。

　　这种抽取可重用函数的脚本编写方式称为函数库结构框架的脚本编写模式。在测试之前，应该启动被测试的应用程序，这个步骤可以封装成一个函数：

```
Function StartApp(FilePath)
    SystemUtil.Run FilePath;
End Function
```

把这个函数存放到一个 VBScript 文件中，如 StartAUT.vbs，然后把这个文件存放到测试脚本的某个目录下，如新建一个名为 Util1 的目录。

　　接下来，在 QTP 中选择菜单"File"→"Settings"，在测试设置界面中选择"Resources"选项，然后把 StartAUT.vbs 文件作为函数库文件添加到函数库中。这样，就可以在 QTP 的 Action 脚本"Main"中使用 StartApp 函数：

```
StartApp "C:\Program Files\HP\QuickTest
    Professional\samples\flight\app\flight4a.exe";
RunAction "Login",oneIteration;
RunAction "InsertOrder",oneIteration;
RunAction "QueryOrder",oneIteration;
RunAction "DeleteOrder",oneIteration;
```

按照这样的方式，还可以把更多的脚本抽取出来，封装成函数，添加到函数库中，这样在脚本中只需要编写调用的代码就可以在多处重复使用这些函数，提高了脚本的可重用性、可读性和可维护性。

3. 数据驱动框架

数据驱动框架是自动化测试脚本编写经常采用的框架之一，它能有效减少冗余代码。数据驱动要解决的核心问题是把数据从测试脚本中分离出来，从而实现测试脚本的参数化。

通常，数据驱动按照以下步骤进行：

（1）将参数化测试步骤的数据绑定到数据表格中的某个字段。

（2）编辑数据表格，在表格中编辑多行测试数据。

（3）设置迭代次数，选择数据行，运行测试脚本，每次迭代从中选择一行数据。

QTP 提供了一些功能特性，让操作实现得以简化，例如，使用"Data Table"视图来编辑和存储参数。另外，QTP 还提供了"Data Driver 向导"，用于协助测试人员快速查找和定位需要进行参数化的对象，并使用向导逐步进行参数化过程。

8.5 软件性能测试

8.5.1 开展性能测试的方法

性能测试对工程师有特殊的要求，性能测试工程师的工作主要包括性能测试需求分析、性能测试脚本设计、性能测试执行和结果分析几大部分内容。在介绍性能测试之前，需要了解性能测试的相关术语。

（1）响应时间（response time）。响应时间是指系统对请求做出响应所需要的时间。典型的响应时间是指从软件客户端发出请求数据包到服务器处理后，客户端接收到返回数据包所经过的时间，中间包括各种中间组件的处理时间，如网络、Web 服务器、数据库等。（可参考第 7.2 节中系统性能指标参数）

（2）事务响应时间（transaction response time）。事务是指一组密切相关的操作的组合，例如，一个登录的过程可能包括多次 HTTP 的请求和响应，把这些 HTTP 请求封装在一个事务中，便于用户直观地评估系统的性能，如登录的性能可以通过登录的事务响应时间来度量。

（3）并发用户（concurrent user）。并发用户是指同一时间使用相同资源的人或组件，资源可以是计算机系统资源、文件、数据库等。大型的软件系统在设计时必须考虑多人同时请求和访问的情况，测试工程师在进行性能测试时不能忽视对并发请求场景的模拟。

（4）吞吐量（throughput）。吞吐量是指单位时间内系统处理的客户请求的数量，度量单位可以是字节数/d、请求数/s、页面数/s、访问人数/d、处理的业务数/h 等。

（5）每秒事务数（transaction per second，TPS）。TPS 是指每秒钟系统能够处理的交易或事务的数量，它是衡量系统处理能力的重要指标。TPS 也是 LoadRunner 中重要的性能参数指标。

（6）点击率（hit per second，HPS）。点击率是指每秒钟用户向 Web 服务器提交的 HTTP 请求数，这个指标是 Web 应用特有的一个指标：Web 应用是"请求-响应"模式，用户发出一次申请，服务器就要处理一次，所以"点击"就是 Web 应用能够处理的最小单位。

（7）资源利用率（resource utilization）。资源利用率是指对不同系统资源的使用程度，如服务器的 CPU 利用率、磁盘利用率等。资源利用率是分析系统性能指标进而改善性能的主要依据，因此它是 Web 性能测试工作的重点。

1. 性能测试的类型

性能测试分很多种类型，它只是一个统称，用于评价、验证系统的速度、扩展性和稳定性等方面的质量属性。性能测试可以进一步细分为以下几种类型。

1）负载测试（load test）

负载测试用于验证应用程序在正常和峰值负载条件下的行为。疲劳测试（endurance test）是负载测试的一个子集，用于评估和验证系统在一段较长时间内的性能表现。疲劳测试的结果可以用来计算平均故障间隔时间（mean time between failure，MTBF）等可靠性指标。

2）压力测试（stress test）

压力测试用于评估和验证应用程序被施加超过正常和峰值压力条件下的行为，目的是揭露那些只有在高负载条件下才会出现的缺陷，如同步问题、竞争条件、内存泄漏等。

3）容量测试（capacity test）

容量测试用于评估系统在满足性能目标的前提下能支持的用户数、事务数等，通常与容量规划一起进行，用于规划将来性能需求增长（如用户数的增长、数据量的增长）的情况下，对系统资源（如 CPU、内存、磁盘、网络带宽等）增长的要求。

2. 性能测试的工具种类

（1）负载测试工具。通过录制、回放脚本、模拟多用户同时访问被测试系统，制造负载，产生并记录各种性能指标，生成分析结果，从而完成性能测试任务。主流的负载测试工具有 QALoad、SilkPerformer、LoadRunner、WebRunner、OpenST、WAS。

（2）资源监控工具。资源监控是压力测试过程中的一个重要环节，在很多测试工具中都有该功能的集成。只是不同的工具之间，监控的中间件、数据库、主机平台的能力以及方式各有差异。而这些监控工具很大程度上依赖于被监控平台自身的数据采集能力，目前的绝大多数监控工具基本上是直接从中间件、数据库以及主机自身提供的性能数据采集接口获取性能指标。

（3）故障定位工具以及调优工具。故障定位工具能更精细地对负载测试中暴露的问题进行故障根源分析，例如，LoadRunner 模块中添加的诊断以及调优模块、Quest 公司的 PerformaSure、Compuware 公司的 Vantage 套件以及 CA 公司收购的 Wily 的 Introscope 工具等。

8.5.2　使用 LoadRunner 开展性能测试

LoadRunner 是一个强大的性能测试工具，支持广泛的协议，能模拟百万级的并发用户，是进行性能测试的强有力的"帮手"。

在使用 LoadRunner 之前，先弄清几个概念。

Vuser：虚拟用户。LoadRunner 使用多线程或多进程来模拟用户对应用程序操作时产生的压力。一个场景可能包括多个虚拟用户，甚至成千上万个虚拟用户。

Scenario：场景。场景是指每一个测试过程中发生的事件，场景的设计需要根据性能需求来定义。

Vuser Script：脚本。用脚本来描述 Vuser 在场景中执行的动作。

Transactions：事务。事务代表了用户的某个业务过程，需要衡量这些事务过程的性能。

1. LoadRunner 的基本原理

LoadRunner 启动以后，在任务栏会有一个 Agent 进程，通过 Agent 进程，监视各种协议的客户端与服务器端的通信，用 LoadRunner 的一套 C 语言函数来录制脚本，然后 LoadRunner 调用这些脚本向服务器端发出请求，接收服务器的响应。

2. LoadRunner 的测试过程

LoadRunner 的测试过程如下：
（1）制订负载测试计划。
（2）开发测试脚本。
（3）创建运行场景。
（4）运行测试。
（5）监视场景。
（6）分析测试结果。

3. LoadRunner 的重要组件

1）Virtual User Generator
使用 LoadRunner 的 Virtual User Generator 组件，可以很简便地创立起系统负载。该引擎能够生成虚拟用户，以虚拟用户的方式模拟真实用户的业务操作行为。它先记录下业务流程（如下订单或机票预定），然后将其转化为测试脚本。可以对测试脚本进行参数化操作，这一操作能利用几套不同的实际发生数据来测试应用程序，从而反映出系统的负载能力。

2）Controller
LoadRunner 的 Controller 组件能很快组织起多用户的测试方案。Controller 的 Rendezvous 功能提供一个互动的环境，既能建立起持续且循环的负载，又能管理和驱动负载测试方案。

3）Analysis

Analysis 用在分析结果阶段，主要对场景产生的数据或结果进行分析，提出测试分析报告。

8.5.3 使用 LoadRunner 的基本方法和步骤

使用 LoadRunner 时，首先应分析被测试程序的技术实现，选择合适的协议进行测试脚本的录制，然后修改测试脚本，再进行场景设计，运行测试场景并分析测试结果。

（1）在录制脚本之前，LoadRunner 要求选择录制时需要的协议类型，如图 8-15 所示。

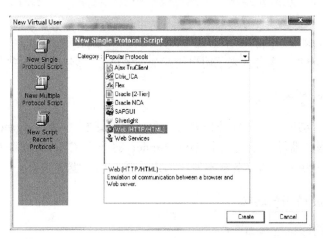

图 8-15　选择协议

（2）在 LoadRunner 中提供了一个任务向导，用于指导测试人员一步步创建合适的测试脚本，如图 8-16 所示。

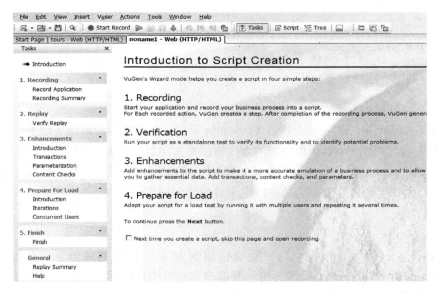

图 8-16　任务向导

（3）可以在测试脚本中编辑和修改录制脚本，如参数化测试数据、添加事务和内容检查等，来加强测试脚本，如图 8-17 所示。

图 8-17　测试脚本编辑器

（4）编译好测试脚本后，就可以在 LoadRunner 中的 Controller 组件中设计性能测试的场景，如图 8-18 所示。

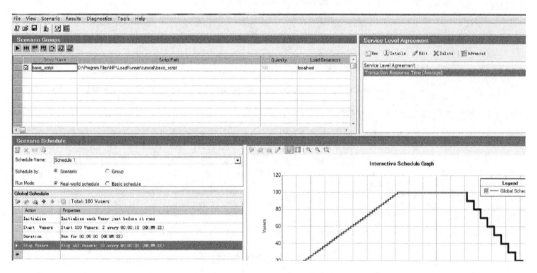

图 8-18　性能测试场景设计

（5）设计好测试场景后，就可以运行测试场景，如图 8-19 所示。

（6）运行完毕后，调出 LoadRunner 的 Analysis 组件，对场景运行结果进行分析，产生测试报告，如图 8-20 所示。

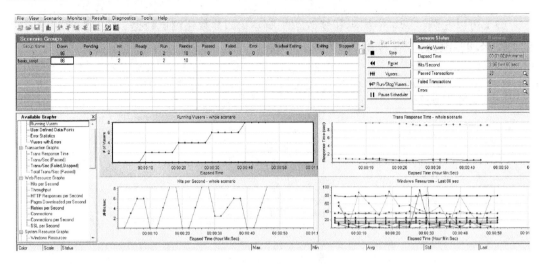

图 8-19　性能测试场景的运行

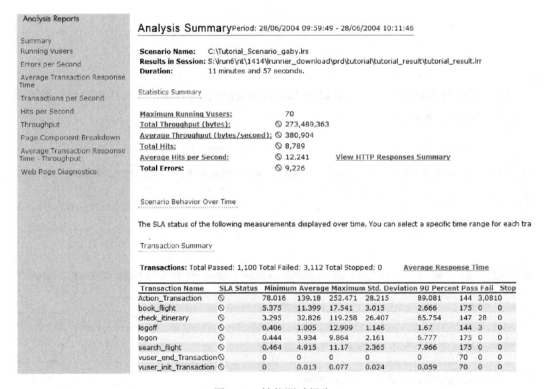

图 8-20　性能测试报告

8.5.4　Vuser 发生器

Vuser 发生器（visual user generator，VuGen）主要通过捕获客户端向服务器端发送的 HTTP 请求，将这些请求录制成脚本，在回放时将捕获 HTTP 请求再次发送，以达到模拟客户行为的目的，所以 Vuser 发生器主要是用来捕获最终用户业务流程和创建自动化测试脚本，即生成测试脚本。VuGen 是录制测试脚本、编辑与完善测试脚本的一个平台，支持 C 语言语法。

1. 录制脚本

录制脚本的操作步骤如下：
（1）启动 Web 服务器。
（2）打开 VuGen 界面。
（3）选择脚本协议。
（4）进行页面操作。
（5）回放脚本（replay）。回放是验证脚本是否能够正常运行。
（6）设置关联。

许多应用程序都使用动态值，每次使用应用程序时这些值都会变化，例如，有些服务器会为每个新会话分配一个唯一的会话 ID。回放录制的会话时，应用程序创建的新会话 ID 与录制的会话 ID 不同。LoadRunner 通过关联解决了这种问题。关联将动态值保存到参数中。运行模拟场景时，Vuser 发生器并不使用录制的值，而是使用服务器分配的新会话 ID。

设置 Web Tours 网站，录制脚本使用户登录时会产生会话 ID，从而导致回放失败。

找到关联参数，进行手动关联，再次回放。

下面以 LoadRunner 安装时附带的样例程序 Web Tours 网站为例，介绍如何录制该程序的性能测试脚本。

1）启动 Web 服务器

首先启动 Web Tours 网站的服务器。选择"开始"→"所有程序"→"LoadRunner"→"Samples"→"Web"→"Start Web Server"选项即可。此时，任务栏里将出现如图 8-21 所示的"X"图标。

图 8-21　服务器启动图标

2）打开 VuGen 界面

在桌面单击 LoadRunner 图标，或在开始程序里单击 LoadRunner 应用程序，打开 LoadRunner 运行界面，选择单击"Create/Edit Scripts"，进入 Vuser 运行界面。

3）选择脚本协议

在 Vuser 界面中，单击"New"命令，出现选择协议的对话框，选择"Web（HTTP/HTML）"协议。

4）进行页面操作

选择"Start Recording"命令后，出现如图 8-22 所示的脚本录制设置对话框，按图 8-22 进行相应设置。

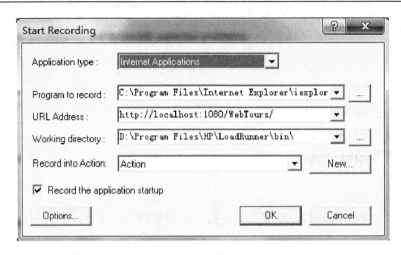

图 8-22　设置录制参数

在"URL Address"中，输入被测试网站的网址，本例中使用系统自带的 Web Tours 网站，如果想测试其他 Web 网址，输入对应的网址即可。设置完成后，LoadRunner 开始录制脚本，同时自动打开 IE 浏览器并访问 Web Tours 网站，如图 8-23 所示。

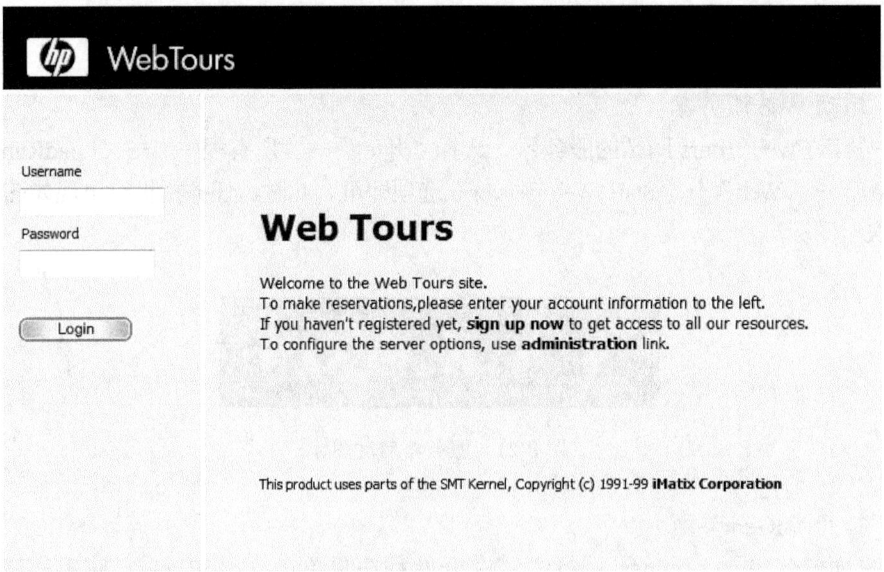

图 8-23　网上订票网站首页

提示：网上订票网站的用户名为 jojo，密码为 bean。

LoadRunner 在录制脚本的同时，出现录制工具条，如图 8-24 所示。该工具条可以"暂停""停止"正在录制的应用程序，系统默认的录制脚本将保存在"Action"中。在录制过程中，按照系统的提示，网上操作完成一张机票的预定，预定完成后，单击录制工具上的"停止"按钮，LoadRunner 自动生成网上预订机票的脚本代码，如图 8-17 所示。

图 8-24　录制工具条

5）脚本回放及关联设置

脚本生成后，就可以对脚本进行回放，以检查录制代码是否完成了网上订票业务的操作。在脚本编辑器窗口，单击"Run"按钮，LoadRunner 开始回放脚本。在脚本回放的同时，显示 Web Tours 系统的订票页面。回放结束后，出现如图 8-25 所示界面。

图 8-25　回放脚本界面

在录制结束后，多数回放脚本会发现 Replay Log 中报错。这时，多数是关联的问题。

关联（correlation）是把脚本中某些死的数据转变成取自服务器所送的、动态的、每次都不一样的数据。关联技术有三种：录制中关联、录制后关联和手动关联。在脚本录制过程中可以正确登录，没有任何问题，但是在回放脚本时发现并没有正确登录，这是什么原因？

在录制时，LoadRunner 会将服务器返回的 Session ID 值保存在脚本中，脚本内容如下：

```
web_submit_data("login.pl",
        "Action=http://127.0.0.1:1080/WebTours/login.pl",
        "Method=POST",
```

```
"TargetFrame=",
"RecContentType=text/html",
"Referer=http://127.0.0.1:1080/WebTours/nav.pl?in=home",
"Snapshot=t2.inf",
"Mode=HTML",
ITEMDATA,
"Name=userSession","Value=118265.05443496zzzHDztQQp
    7894557",ENDITEM……)
```

从服务器返回的 Session ID 值保存在 UserSession 参数中，那么当脚本回放时，客户端就一直使用这个 Session ID 并和其他请求一起发送到服务器。但是服务器出于安全考虑，每次返回给客户端的 Session ID 都会发生变化，所以 Session ID 的值不一致，就出现问题，导致脚本回放失败。LoadRunner 中数据关联的操作是：选择需要关联的数据，单击"Correlate"按钮，创建一个关联，如图 8-26 所示。关联设置成功后，脚本代码将发生变化，如下所示：

```
"Name=userSession",
"Value=118265.{CorrelationParameter_1}zzzHDztQQp{Correlation
Parameter_2}", ENDITEM;
```

图 8-26　关联结果信息

2. 增强脚本

1）插入事务

人们为了衡量某个操作的性能，需要在操作的开始和结束位置插入一个标识，这就定义了一个事务。

原因：从性能测试的角度出发，需要知道不同的操作所花费的时间，这样就可以衡量不同的操作对被测系统造成的影响，那么如何知道不同的操作所花费的时间，这就用到了事务，插入一个事务开始标识，在操作完成后插入一个事务结束标识，这样就能知道这个操作所花费的时间。

作用：LoadRunner 运行到该事务的开始点时，开始计时，直到运行到该事务的结束点时计时结束。这个事务的运行时间在 LoadRunner 的运行结果中反映。通俗地讲，LoadRunner 中的事务就是一个计时标识，LoadRunner 在运行过程中一旦发现事务开始标识，就开始计时，一旦发现事务结束标识，则计时结束，这个过程中得到的时间即一个事务时间。

　　函数构造：事务开始函数共包括一个参数，就是事务的名称，事务结束函数共包括两个参数，第一个参数是事务的名称，第二个参数是事务的状态。事务的状态可以为：LR_PASS，返回"Pass"代码；LR_FAIL，返回"Fail"代码；LR_STOP，返回"Stop"代码；LR_AUTO，自动返回检测到的状态。Duration 表示事务的完成相应时间，Wasted time 包括事务中函数自身执行所消耗的时间。

　　插入事务操作可以在录制过程中进行，也可以在录制结束后进行。LoadRunner 可以在脚本中插入不限数量的事务。具体的操作如下：在需要定义事务的操作前面，通过菜单或者工具栏插入，如图 8-27 所示。在事务名称对话框输入该事务的名称。插入事务的开始点后，需要在定义事务的操作后面插入事务的"结束点"。同样可以通过菜单或者工具栏插入。事务的状态默认情况下是 LR_AUTO。脚本中事务的代码如下：

```
lr_start_transaction("login");
/*中间代码是具体事务的操作*/
lr_end_transaction("login", LR_AUTO);
```

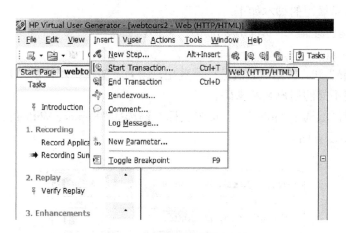

图 8-27　插入事务操作界面

　　2）插入集合点

　　插入集合点是为了衡量在加重负载的情况下服务器的性能情况。当通过 Controller 模拟多个用户执行该脚本时，用户的启动或运行步骤不一定都是同步的。集合点是在脚本的某处设置一个标记。当有虚拟用户运行到这个标记处时，停下等待，直到所有用户都运行到这个标记处，再一同进行下面的步骤，这样能够用最大的用户并发去做下面的操作，就像集合再前进一样。集合点之名由此而得。集合点主要用于对关键步骤的加压。

　　插入集合点的目的是：它可以设置多个虚拟用户等待到一个点，同时触发一个事务，以达到模拟真实环境下同时多个用户操作、同时模拟负载、实现性能测试的最终目的。集合点只能插入 Action 部分，Vuser_init 和 Vuser_end 中不能插入集合点。具体的操作是：在需要插入集合点的前面，通过菜单或者工具栏操作，如图 8-28 所示。

　　出现集合点对话框，在对话框中输入集合点的名称，对应脚本中的代码如下：

```
lr_rendezvous("login");
```

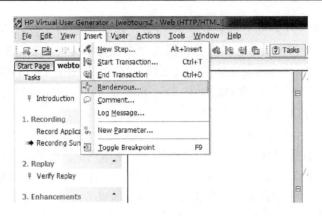

图 8-28　插入集合点窗口

3）参数化输入

下面是一个变量参数化的过程，在代码中的某些位置是需要参数化的，例如，对于录制下来的注册信息填写的脚本如下：

```
"Name=username","Value=jojo",ENDITEM;
"Name=password","Value=bean",ENDITEM;
```

应该把"jojo"和"bean"的值进行参数化，因为希望模拟不同的用户并发注册账号，不同的用户采用不同的用户名和密码。

在代码编辑区域选中"jojo"后，单击鼠标右键选择"Replace With a Parameter"选项，出现如图 8-29 所示界面。

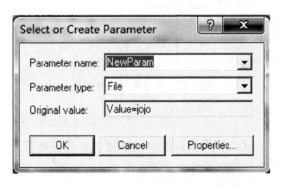

图 8-29　参数名称输入界面

在这个界面中，将被替换成变量的值是"jojo"，参数化类型选择以文件方式存储。单击"Properties…"按钮，可进行参数化属性的编辑，如图 8-30 所示。在界面中，单击"Create Table"按钮，创建参数化表格并输入参数数据。

4）插入函数

VuGen 中可以使用 C 语言中比较标准的函数和数据类型，语法和 C 语言相同。下面介绍几种常用的函数和数据类型。

（1）控制脚本流程：选择结构为 if…else、控制结构为 for 和 while。

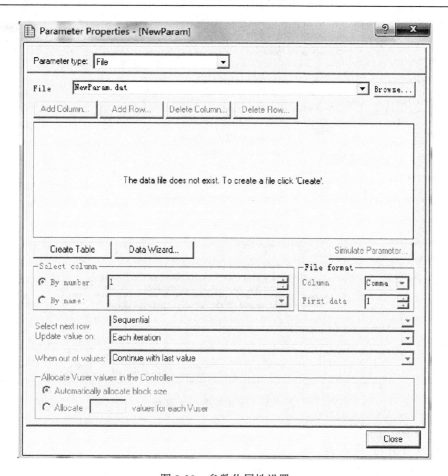

图 8-30　参数化属性设置

（2）字符串函数。例如，strcmp 用于比较两个字符串；strcat 用于连接两个字符串；strcmp 用于复制字符串。

（3）输出函数。例如，lr_output_message 用于输出一条消息。

（4）错误处理函数。Voidlr_continue_on_error（int value）；lr_continue_on_error（0）关闭 continue on error 选项，使一些关键业务发生错误停止执行。对于一些非关键业务，则需要通过 lr_continue_on_error（1）开启 continue on error 选项，这样即使遇到错误也不会影响脚本的继续执行。

5）插入 Text/Image 检查点

有些时候，仅仅看脚本还不能确定是否模拟了现实的某个业务过程，LoadRunner 提供了一个直观的视图用于浏览窗口中检查内容是否符合要求。在设置检查点之前，选择"Run-Time Settings"设置中把"Enable Image and text check"选项勾选上，如图 8-31 所示。在"Tasks"界面的第 3 步，单击"Content Checks"按钮，选择图像检查或者文本检查来插入内容检查点，如插入文本检查点"Find Flight"文本，脚本代码如下：

```
web_reg_find("Text=Find Flight","Fail=NotFound",
"Search=Body",LAST);
```

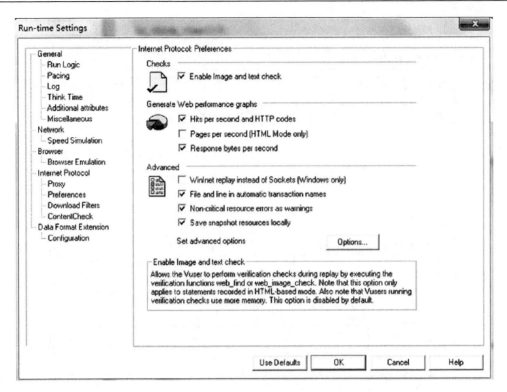

图 8-31　文本检查设置界面

8.5.5　Controller 控制器

当虚拟用户脚本开发完成后，使用 Controller 控制器将这个执行脚本的用户从单用户转化为多用户，从而模拟大量用户操作，进而形成负载（多用户单循环，多用户多循环）。需要对负载模拟的方式和特征进行配置从而形成场景。

场景（scenario）是一种用来模拟大量用户操作的技术手段，通过配置和执行场景向服务器产生负载，验证系统各项性能指标是否达到用户要求，而 Controller 控制器可以帮助人们对场景的设计、执行及监控进行管理。使用 Controller 控制器管理场景主要分为场景设计、场景监控。最后通过运行场景完成性能测试。

在完成了测试脚本的开发后，就可以开始设计测试的场景来调用测试脚本，添加需要监控的客户端或服务器的各种对象的性能参数。

打开 Controller 控制器，选择场景类型，如图 8-32 所示。场景类型有手工场景和目标场景两种。

手工场景（manual scenario）：自行设置虚拟用户的变化，通过设计用户的添加和减少的过程，来模拟真实的用户请求模型，完成负载的生成。手工场景是"定量型"性能测试，掌握负载的变化过程中系统各个组件的变化情况，定位性能瓶颈并了解系统的处理能力，一般在负载测试和压力测试中应用。手工场景的核心就是设置"用户负载方式"。

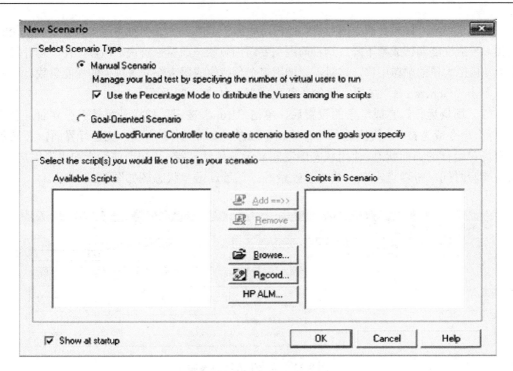

图 8-32　场景类型的选择

目标场景（goal-oriented scenario）：设置一个运行目标，通过 Controller 控制器的自动加载功能进行自动化负载，如果测试的结果达到目标，说明系统的性能符合测试目标，否则就提示无法达到目标。

virtual user：该参数表示虚拟用户数，验证被测系统所需要支持的用户数。

hit per second：表示每秒点击数，是指一秒钟能做到的点击请求数目，即客户端产生的每秒请求数。

transactions response time：表示事务的响应时间，反映系统的处理速度以及一个操作花费的时间。

pages per minute：表示每分钟页面的刷新次数，反映系统每分钟提供的页面处理能力，代表了系统的整体处理能力。

（1）场景设计。单击选中图 8-32 中的 "Manual Scenario" 后，会出现如图 8-18 所示的场景设计界面。在场景设计界面，不仅可以指定参与脚本运行的虚拟用户数，还可以指定脚本运行的模式，一般需要根据用户的实际业务场景来模拟，如每隔 10s 就有 2 个用户登录并注册、设置场景的运行时间为 5min 等。

（2）负载生成器的设置。负载生成器（load generator）对场景进行设计后，需要对负载生成器进行管理和配置。负载生成器是运行脚本的负载引擎，相当于加压机，主要功能是生成虚拟用户进行负载测试，在默认情况下使用本地的负载生成器来运行脚本。

但是每生成一个虚拟用户，需要花费负载生成器 2～3MB 的内存空间。通常运行 Controller 控制器的主机很少用作负载生成器。负载生成器的工作多由其他装有 LoadRunner Agent 的个人计算机来完成。如果负载生成器内存的使用率大于 70%，那么负载生成器就会变成系统的瓶颈，导致性能测试成绩下降。这种问题需要添加负载生成器来解决。所以，在一台计算机上无法模拟大量的虚拟用户，这时需要调用多个负载生成器来完成大规模的性能负载。

单击"Generators"按钮，添加负载生成器，如图 8-33 所示。

（3）场景运行。完成场景的设置后，单击"Run"按钮，切换到场景运行界面，选择"运行"命令或者按 F5 快捷键，即开始运行场景，如图 8-19 所示。在运行界面，会显示所有场景运行的当前状态，使用状态图动态展示各种性能指标，如当前运行的虚拟用户数、事务响应时间、每秒点击率、系统吞吐量等。每秒点击率状态图如图 8-34 所示。

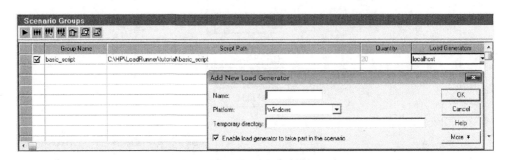

图 8-33　负载生成器的添加

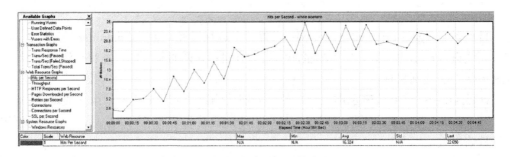

图 8-34　每秒点击率状态图

8.5.6　Analysis 分析器

LoadRunner 提供了专门的性能测试报告和分析工具"Analysis"，用于对测试过程中收集到的数据进行整理分析，汇总成测试报告，并将其用各种图表展现出来。

1. Analysis 常见图分析

在分析视图时通常会先分析一些常用的视图，之后才会分析其他一些相关数据。通常分析的视图有 Vuser 图、点击率图、平均事务响应时间图和吞吐量图。

（1）Vuser 图。在方案执行过程中，Vuser 在执行事务时生成的数据，用于显示 Vuser 状态和完成脚本的 Vuser 数量。将这些图与事务图结合使用可以确定 Vuser 的数量对事务响应时间产生的影响。

（2）点击率图。点击率图显示在方案运行过程中 Vuser 每秒向 Web 服务器提交的 HTTP 请求数。可以依据点击次数来评估 Vuser 产生的负载量。一般会将此图与平均事务响应时间图放在一起进行查看，观察点击数对事务性能产生的影响。

（3）平均事务响应时间图。平均事务响应时间图显示方案在运行期间执行事务所用的平均时间，如图 8-35 所示。其中 X 轴表示从方案开始运行以来已用的时间，Y 轴表示执行每个事务所用的平均时间。平均事务响应时间最直接地反映了事务的性能情况，一般会将平均事务响应时间图与 Vuser 图对照查看，来观察 Vuser 运行对事务性能的影响。

例如，从图 8-35 中，可以看到各个事务的平均事务响应时间，若事务 check_itinerary 的平均事务响应时间比较高，则需要进一步对页面进行细分。

（4）吞吐量图。吞吐量图显示方案运行过程中服务器上每秒的吞吐量。吞吐量的单位为字节，表示 Vuser 在一秒时间内从服务器获得的数据量。借此图可以依据服务器吞吐量来评估 Vuser 产生的负载量。吞吐量直接反映了服务器的处理能力，服务器处理的吞吐量的值越大，说明服务器处理业务的能力越强。

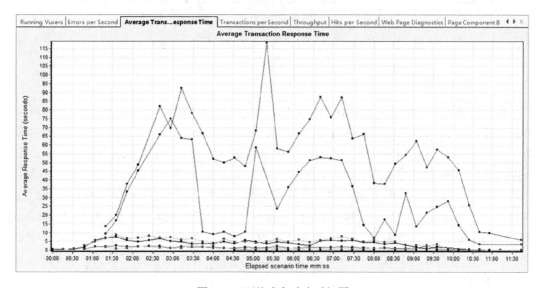

图 8-35　平均事务响应时间图

2. 分析图表合并

分析器保存的图都是单个的图。在分析结果的过程中，往往发现，仅仅靠单个图的分析是不够的，单个图只是从单个角度去分析结果，并没有从多个角度去度量测试结果。这时就希望将有关系的一些图合并起来查看。在 Analysis 中，可以将两个数据结果合并到一个数据图中。通过对分析图进行合并，可以同时从多个角度度量结果并且观察两个视图之间的关系。

例如，将"正在运行的 Vuser 图"和"平均事务响应时间图"进行合并，步骤如下：选择"View"→Merge Graphs 命令，弹出 Merge Graphs（合并图）对话框。选择要合并的图。注意这里只能选择 X 轴度量单位相同的图。选择合并类型为"叠加"。查看共用同一 X 轴的两个图的内容，最后图表合并图结果如图 8-36 所示。

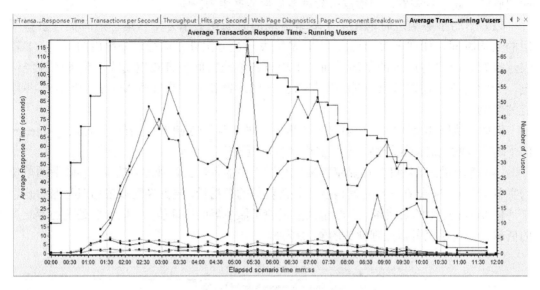

图 8-36　平均事务响应时间和正在运行的 Vuser 图的合并图

3. 页面细分图

在平均事务图中单击鼠标右键，在弹出的快捷菜单中选择 Show Transaction Breakdown Tree 命令，生成 Web Page Diagnostics 图。在 Action_Transaction 中，选择需要分析的事务，如"check_itinerary"，在其上单击鼠标右键，选择"Web Page Diagnostics for "check_itinerary""命令，如图 8-37 所示，弹出页面细分图，通过分析页面可以得到比较大的响应时间到底是由页面的哪个组件引起的；问题出在服务器上还是网络传输上；各个时间（如域名服务（DNS）解析时间、连接时间、接收时间等）。例如，通过"Download Time Breakdown"，可以看出 Login 事务分解的各个组件的大小，以及各个组件的下载时间，如图 8-38 所示。从图中可以看出 sh_itinerary.gif 图片的下载时间最长，需要进一步的优化和处理。

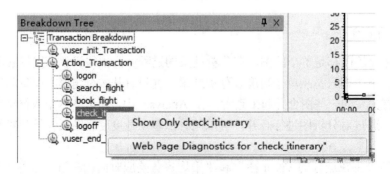

图 8-37　页面细分图的设置

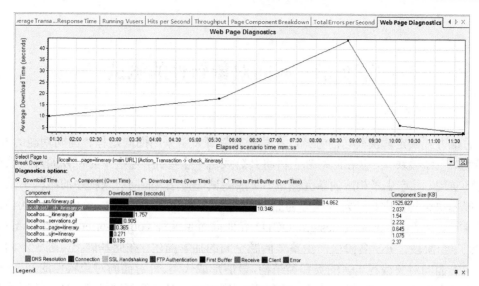

图 8-38　分解页面

4. 导出性能测试报告

场景运行结束后，可以在 Analysis 分析器中生成性能测试报告，如图 8-20 所示。Analysis 分析器提供了丰富的报告形式，如 HTML 报告、SLA 报告、自定义报告和使用报告模板定义报告、各种性能测试模板，满足用户的需求。

小　结

本章主要介绍了自动化测试的概念、自动化测试的实现原理、代码分析、对象识别、脚本技术、自动化测试系统的构成，以及自动化测试的实施、测试工具的分类及选择。最后重点介绍了软件功能测试和软件性能测试，通过网上订票系统，利用 QTP 软件，对其订票系统的模块功能进行测试和分析，利用 LoadRunner 软件，对其系统的性能指标、最大并发用户数、事务响应时间、页面细分元素等进行了测试和分析。

习　题

1. 自动化测试实现中的关键技术是什么？
2. 选择测试工具时，应注意哪些方面？
3. QTP 的 Action 提供了模块化编写脚本的机制，每个 Action 相当于一个过程或者函数，那么 Action 之间如果要互相调用、传递数据，应该如何实现？（提示：Action 的属性设置中可以定义输入参数和输出参数）。
4. LoadRunner 的重要组件有哪些？
5. 简述 LoadRunner 的测试过程。
6. 选择一个实例，运用 LoadRunner 进行测试，并分析测试结果。

第9章　面向对象软件的测试

思维方式决定解决问题的方式，在传统软件开发中采用面向过程、面向功能的方法，是将程序系统模块化，并在此基础上再将其分成若干个单元，这些单元可以通过一系列程序得到实现，并产生了相应的单元测试、集成测试等方法。面向对象程序的结构不是传统的功能模块结构，它将开发过程分为面向对象分析（object-oriented analysis，OOA）、面向对象设计（object-oriented design，OOD）和面向对象编程（object-oriented programming，OOP）三个阶段。分析各阶段产生整个问题空间的抽象描述，在此基础上，进一步归纳出能适用于面向对象编程语言的类和类结构，最后形成代码。针对面向对象软件的开发特点，测试方法和技术也必然要做相应的改变，从而形成面向对象的测试模型、测试的层次与数据流，以及面向对象的单元测试和集成测试方法等，这些都是本章要介绍的内容。

9.1　面向对象的测试概述

面向对象的概念和应用已超越了程序设计和软件开发，并扩展到很宽的范围，成为20世纪90年代以来软件开发的主流。面向对象的软件开发以对象、类、封装、继承、多态、消息和接口为核心，只有懂得了这七个核心概念，才能真正懂得什么是面向对象，也才能进行面向对象的测试。下面对这七个核心概念进行介绍。

9.1.1　面向对象的基本概念

1. 对象

对象是一个可操作的实体，是由保存对象属性的特定数据和处理这些数据的操作封装在一起构成的整体。对象是一个基本的可计算的实体，对象之间通过消息机制相互发生作用。

对象是测试的最直接目标，对象是否符合需求说明、对象与对象之间能否进行协同工作是测试的焦点。程序运行时，每个对象都将历经创建、访问、修改和删除四个过程，这四个过程称为对象的生命周期。针对对象进行测试，应从多方面测试对象的状态，判定状态是否与其生命周期相符。

2. 类

类是具有相同或相似性质的对象的抽象集合。因此，对象的抽象就是类，类的具体化就是对象，也可以说类的实例是对象。类通过构造函数来创造新的对象，并对新的对象进行初始化，因此在对类进行测试时，需要考虑对象初始化过程是否正确。

3. 封装

封装就是把对象的属性和方法结合成一个整体，尽可能掩盖其内部的细节。封装后的对象，只能知道输入和输出，无法了解内部的操作过程，也无法真正了解内部数据的真实状态。这一特征简化了对对象的使用，同时给测试带来了难度。

4. 继承

继承是类之间的一种联系，类可以通过派生生成新类，派生出的新类称为子类。通过继承机制，子类可以继承父类的特点和功能，同时可以具有自己独有的特点和功能。这一特征为缺陷的扩散提供了途径，如果父类带有缺陷，那么派生出的子类也会带有缺陷，这会给后面的软件开发带来隐患。

5. 多态

在面向对象语言中，接口的多种不同的实现方式称为多态。多态包含几种不同的形式，即参数多态、包含多态和过载多态。参数多态是能够根据一个或多个参数来定义一种类型的能力；包含多态是同一个类具有不同表现形式的一种现象，这一特征使得参数具有对象替换的能力；过载多态是指同一个名（操作符、函数名）在不同的上下文中有不同的类型。多态性增强了软件的灵活性和重用性，但同时使得软件测试的工作量成倍增加。

6. 消息

消息是对象的操作将要执行的请求，是对象之间产生相互作用的方式。消息包含一些参数，在程序执行时，参数值可以由消息的发送者发送给接收者，也可以通过接收者返回给发送者，因此在测试时，需要考虑在消息处理前和处理后，传递的参数能否被修改、对象的状态是否正确。

7. 接口

接口是行为声明的集合，由一些规范构成，这些规范定义了类的一套完整的公共行为。接口不是孤立的，它与类和其他接口有一定的关系。因此，在测试时，需要考虑接口包含的行为与类的行为是否相符。

9.1.2　面向对象的开发方法

传统的面向过程的开发方法以算法为中心，以数据为驱动，因此面向过程的编程语言是程序＝算法＋数据；面向对象的开发方法以对象为中心，以消息为驱动，因此面向对象的编程语言是程序＝对象＋消息。下面将对传统开发方法开发的软件存在的问题进行讨论。

1. 软件的重用性

重用性是指同一事物不经修改或稍加修改就可多次重复使用的性质。软件的重用可以在很大程度上缩短软件的开发周期，减少软件开发人员的工作量，因此软件的重用性是软件工程追求的目标之一。在这一方面，传统的面向过程的开发方法开发的软件，其重用性很差，模块与模块之间均具有强耦合性，很难拆分和扩展。

2. 软件的可维护性

在软件的开发过程中，软件的可读性、可修改性和可测试性是软件的重要指标。由于传统的使用面向过程开发方法开发的软件，各功能模块均具有强耦合性，如果修改了其中一个模块的算法或参数，会导致其他模块功能瘫痪，也就是说传统方法开发出来的软件可修改性很差，这就直接导致了软件的维护费用和成本很高。

3. 软件的稳定性

软件的稳定性主要表现在是否能满足客户的需求上，如果能满足客户的需求，那么软件的结构就不需要更改，软件就比较稳定；反之，如果不能满足客户的需求，那么软件的结构就需要发生较大的变化，软件就不稳定。而传统的开发方法是基于过程来设计的，客户的需求则是针对功能的，一旦功能的需求发生了变化，对传统方法的设计就是灾难性的。

造成这些问题的原因，还是由于传统软件开发方法自身的缺陷，才致使面向对象开发方法的出现和广泛使用。目前，面向对象开发方法的研究已日趋成熟，包括 Booch 法、Coad 法和 OMT 法。同时在 1995～1997 年，软件工程领域取得了前所未有的进展，就是因为统一建模语言（UML）的出现。该语言统一了 Booch 法、Coad 法和 OMT 法的表示方法，进而建立了被大众接受的标准建模语言。

面向对象的软件开发可分为面向对象分析、面向对象设计和面向对象编程三部分。后面将对这些模型、分析和设计进行讨论。

9.1.3　面向对象的分析和设计

1. 面向对象的分析

面向对象的分析，是采用面向对象思路进行需求分析建模的工程，也就是以需求分析为基础，来选择对象和类的过程。分析的步骤包括以下几点：

（1）获取功能需求。这一步骤的主要工作是确定系统软件的参与者（actor），这些参与者代表了使用该系统软件的不同角色，然后根据参与者确定系统软件所需要的主要功能。

（2）根据功能和参与者确定系统的类和对象。在面向对象的开发中，系统功能的实现都是通过对对象的操作来完成的，而对象是通过类实例化以后得到的，因此在获得功能需求以后，首先要考虑的就是需要定义哪些类，才能满足系统的功能需求。

（3）确定类的结构层次、属性和方法。每个类都具有自己独有的属性和方法，正是这些属性和方法帮助人们实现系统的功能。

　　（4）建造对象模型。在一个系统的开发中，涉及的类和对象很多，建立对象模型就是为这些对象建立联系，包括关系模型和行为模型。关系模型描述的是类与类之间的静态联系，有关联、泛化、依赖、实现等；行为模型描述的是类与类之间的动态联系，指明系统如何响应外部的事件或激励。

　　总的来说，面向对象分析的关键是识别出系统功能中的对象，并分析它们之间的关系，最终建立起简洁、精确、可理解的正确模型。

　　面向对象分析的主要原则如下：

　　（1）抽象。这一原则包括过程抽象和数据抽象，其中数据抽象是面向对象的分析的核心原则，它强调把数据（属性）和操作（服务）结合为一个不可分的整体（对象）。

　　（2）封装。这一原则的要求是尽可能地隐蔽对象的内部细节。

　　（3）继承。这一原则的要求是在每个由一般类和特殊类形成的一般-特殊结构中，把一般类的对象实例和所有特殊类的对象实例都共同具有的属性和服务，一次性地在一般类中进行定义。

　　（4）分类。这一原则的要求是把具有相同属性和服务的对象划分为一类，用类作为这些对象的抽象描述。

　　（5）聚合。这一原则的要求是把一个复杂事物合成若干比较简单的事物的组成体，从而简化对复杂事物的描述。

　　（6）关联。这一原则的要求是将各个对象联系起来。

　　（7）消息通信。这一原则的要求是对象之间只能通过消息进行通信，而不允许在对象之外直接存取对象内部的属性。

　　（8）粒度控制。这一原则的要求是在考虑系统全局时，注意其大的组成部分，暂时不详查每一部分的具体细节，然后在考虑某部分的细节时，暂时撇开其余的部分。

　　（9）行为分析。这一原则的要求是分析出由大量的事物所构成的问题域中各行为的依赖、交织情况。

2. 面向对象的设计

　　面向对象的设计，是根据面向对象分析中确定的类和对象设计系统，以作为面向对象编程的基础。整个设计过程分为系统设计和对象设计。

　　系统设计过程包括如下内容：

　　（1）系统分解。该步骤是对面向对象的分析所得出的需求模型进行补充或修改的过程。

　　（2）确定并发性。如果对象之间不存在交互，或者它们同时接受事件，那么称这些对象是并发的。分析模型、现实世界及硬件中不少对象均是并发的，因此该步骤就是要确定哪些对象是并发的。

　　（3）设计人机交互子系统。该步骤是对系统的人机交互子系统进行详细设计，以确定人机交互的细节，其中包括指定窗口和报表的形式、设计命令层次等内容。设计人机交互界面的准则是一致性、减少操作步骤、及时反馈信息、提供撤销命令、无需记忆、易学和富有吸引力。这也是软件测试中需要测试的部分。

　　（4）设计任务管理子系统。常见的任务有事件驱动型任务、时钟驱动型任务、优先任务、关键任务和协调任务等，该步骤就是要确定各类任务并把任务分配给相应的硬件或软件去执行。

（5）设计数据管理子系统。数据管理子系统是系统存储或检索对象的基本设施，它包括：

①选择数据存储管理模式。数据存储管理模式有三种，即文件管理系统、关系数据库管理系统和面向对象数据管理系统，每个管理模式都有不同的特点和适用范围，选择哪种数据存储管理模式，是这一步的要求。

②设计数据管理子系统。该步骤是设计数据的格式和相应的服务。设计数据格式包括定义类的属性表，以及定义所需要的文件和数据库；设计相应的服务是指设计存储数据的方式。

面向对象的设计，其核心就是对类的设计。设计类应该遵循相应的设计原则，如：

（1）单一职责原则。一个类只能负责一个职责，其他职责由其他类完成，每个类通过协调完成工作。

（2）开闭原则。在面向对象的开发中，要求软件的实体（类、模块、函数）应该是可扩展而不可修改的，这样设计时可保证软件的可重用性、可维护性以及灵活性。

（3）替换原则。子类应该能够替换父类，也就是说，一个类必须具备另一个类相应的属性和方法，这两个类才能定义为子类和父类的关系。

（4）依赖倒置原则。细节依赖于接口，而接口不能依赖于细节，也就是说，具体的实现类应该依赖于抽象接口类，抽象接口类不依赖于具体实现类。

（5）接口分离原则。采用多个与特定客户类有关的接口比采用一个通用的涵盖多个业务方法的接口要好。也就是说，在设计接口时，不能对某一接口设计过多的业务，而应该遵循单一职责原则，利用继承特性来设计接口。

9.1.4　面向对象模型

模型是对实体的特征和变化规律的一种表示或抽象，即把对象实体通过适当的过滤，用适当的表现规则描绘出的模仿品。在面向对象的开发中，有三种常用模型，即对象模型、动态模型和功能模型

1. 对象模型

对象模型表示了静态的、结构化的系统数据性质，描述了系统的静态结构，它是从客观世界实体的对象关系角度来描述的，表现了对象的相互关系。在对象模型中包括以下几个方面的元素。

1）对象和类

对象建模的目的就是描述对象和类，因此在该模型中，需要对对象的属性、操作和方法进行建模。属性是对象的数值；操作是类中对象所使用的一种功能或变换；方法是类的操作的实现步骤。

2）关联和链

在面向对象的设计中，为了遵循单一职责原则，一个完整的软件会包含很多类，关联

正是建立类之间联系的手段，而链则是建立对象之间联系的手段。因此，关联是链的抽象，链是关联的实例。关联具有多重性，可以描述为"一对多"或"多对一"。

3）类的层次结构

在类的层次结构中，包含两种关系：聚集关系和一般关系。聚集是一种"整体-部分"关系，在这种关系中，有整体类和部分类之分。聚集最重要的性质是传递性，也具有逆对称性。一般关系是在保留对象差异的同时共享对象相似性的一种高度抽象方式。它是"一般-具体"的关系。一般化类称为父类，具体类又能称为子类，各子类继承了父类的性质，而各子类的一些共同性质和操作又归纳到父类中。

2. 动态模型

动态模型是与时间和变化有关的系统性质。该模型描述了系统的控制结构，它表示了瞬间的、行为化的系统控制。该模型描述的系统属性是触发事件、事件序列、状态、事件与状态的组织。动态模型包括以下几个方面的元素：

（1）事件。事件是指定时刻发生的某件事。

（2）状态。状态是对象属性值的抽象。对象的属性值按照影响对象显著行为的性质将其归并到一个状态中去。状态指明了对象对输入事件的响应。

（3）状态图。状态图是一个标准的计算机概念，它是有限自动机的图形表示，这里把状态图作为建立动态模型的图形工具。状态图反映了状态与事件的关系。当接收一事件时，下一状态就取决于当前状态和所接收的该事件，由该事件引起的状态变化称为转换。

3. 功能模型

功能模型描述了系统的所有计算。功能模型指出发生了什么，动态模型确定什么时候发生，而对象模型确定发生的客体。功能模型表明一个计算如何从输入值得到输出值，它不考虑计算的次序。功能模型由多幅数据流图组成。数据流图用来表示从源对象到目标对象的数据值的流向，它不包含控制信息，控制信息在动态模型中表示，同时数据流图也不表示对象中值的组织，值的组织在对象模型中表示。数据流图包含以下几个元素：

（1）处理。数据流图中的处理用来改变数据值，最低层处理是纯粹的函数，一幅完整的数据流图是一个高层处理。

（2）数据流。数据流图中的数据流将对象的输出与处理、处理与对象的输入、处理与处理联系起来。

（3）动作对象。动作对象是一种主动对象，它通过生成或者使用数据值来驱动数据流图。

（4）数据存储对象。数据流图中的数据存储是被动对象，它用来存储数据。

这三种模型分别从三个不同的方面对所要开发的系统进行了描述。功能模型指明了系统应该"做什么"；动态模型明确规定了什么时候（即在何种状态下）接受了什么事件的触发；对象模型则定义了做事情的实体。因此，在面向对象方法学中，对象模型是最基本、最重要的，它为其他两种模型奠定了基础，需要依靠对象模型完成三种模型的集成。

9.1.5　面向对象软件的测试策略

通过前面内容的讨论，我们知道了面向对象软件具有面向过程软件所没有的特点，例如，面向对象软件以类、封装和继承为核心，而面向过程软件则以功能模块的流程控制为核心。而且面向对象软件抛弃了传统的开发模型，对每个开发阶段都有不同于传统开发阶段的要求和结果。因此，传统软件的测试策略并不能完全适应面向对象软件的测试，面向对象软件需要新的测试策略。

在面向对象软件的开发中，不管采用什么方法，使用什么模型，归根到底都是对类的开发，也就是说面向对象程序的基本构成单元是类，所以面向对象的测试就是对类的测试。从面向对象的结构层次出发，可以将面向对象测试分为三个层次：类测试、集成测试和系统测试。下面介绍各自的测试策略。

1）类测试策略

面向对象的类测试，相当于面向过程的单元测试。类测试主要进行结构测试和功能测试，包括三个部分。

（1）基于服务的测试。主要考察封装在类中的一个方法对数据进行的操作，该部分的测试多采用传统的白盒测试方法。

（2）基于状态的测试。类是通过消息的传递来实现彼此之间的交互的，在接收和发出消息时，类都会出现相应的状态，根据这些状态，逐个进行测试，并设计出相应的测试用例。常用的基于状态的类测试方法有分片测试、所有转换测试、状态标识测试等。

（3）基于响应状态的测试。从类和对象的责任出发，以对象接收消息时发出的响应为基础进行的测试。

2）集成测试策略

面向对象的集成测试，就是将在类测试中通过的单个类，以一定的规则组装起来以后，进行整体功能的测试。集成测试步骤应包含以下内容：

（1）按照设计阶段的说明画出对象图。

（2）开发端口输入事件所驱动的类。

（3）开发与主类直接相关的类。

（4）将与主类直接相关联的类集成。

（5）对新集成的模块进行测试。

（6）从已集成的模块中选一个新类作为下一步的集成类。

3）系统测试策略

系统测试是从用户的角度去评估一个软件，因此程序内部的设计和实现的细节在这个层次已不再重要，而是以软件的实际功能需求为依据，对整个软件系统进行全方面测试。

9.2　面向对象的软件测试模型

面向对象的开发模型突破了传统的瀑布模型，将开发分为面向对象分析、面向对象设计和面向对象编程三个阶段。针对这种开发模型，结合传统的测试步骤的划分，把面向对象的软件测试分为面向对象分析的测试（OOAT）、面向对象设计的测试（OODT）、面向对象编程的测试（OOPT），其模型如图 9-1 所示。

图 9-1　面向对象测试模型

1. 面向对象分析的测试

在前面介绍的面向对象的分析阶段，主要工作是需求分析以及对类、对象和结构的设计，在确定需求分析以后，会形成面向对象的分析文档，因此该阶段的测试主要是针对文档的测试，其考虑的方面包括：

（1）对认定的对象的测试。

（2）对认定的结构的测试。

（3）对认定的主题的测试。

（4）对定义的属性和实例关联的测试。

（5）对定义的服务和消息关联的测试。

2. 面向对象设计的测试

在前面介绍的面向对象设计阶段，主要工作是对面向对象分析阶段归纳出的类和结构进行详细的设计，从而构造出类库，实现分析结果对问题空间的抽象。由此可见，面向对象设计是对面向对象分析的进一步细化和更高层的抽象。在设计完成以后，同样会形成面向对象的设计文档。因此，该阶段的测试同样是针对文档的测试，其考虑的方面包括：

（1）对认定的类的测试；

（2）对构造的类层次结构的测试；

（3）对类库的支持的测试。

3. 面向对象编程的测试

面向对象编程是通过对类的操作来实现软件功能的。更确切地说，是能正确实现功能的类，通过消息传递来协同实现设计要求。因此，在面向对象编程的测试中，需要忽略类功能实现的细则，将测试的目光集中在类功能的实现和相应的面向对象程序风格上。其考虑的方面包括：

（1）数据成员是否满足数据封装的要求。

（2）类是否实现了要求的功能。

9.3 面向对象软件测试的层次

软件测试层次是基于测试复杂性分解的思想，是软件测试的一种基本模式。面向对象程序的结构不再是传统的功能模块结构。作为一个整体，原有的集成测试所要求的逐步将开发的模块组装在一起进行测试的方法已成为不可能。而且，面向对象软件抛弃了传统的开发模式，对每个开发阶段都有不同以往的要求和结果，已经不可能用功能细化的观点来检测面向对象分析和设计的结果。因此，传统的测试模型对面向对象软件已经不再适用。

在面向对象的软件测试中，继承和聚合关系刻画了类之间的内在层次，它们既是构造系统结构的基础，也是构造测试结构的基础。根据测试层次结构，面向对象软件测试总体上呈现从单元级、集成级到系统级的分层测试结构。其根据测试层次结构确定相应的测试活动，并生成相应的层次。由于面向对象软件从宏观上来看是各个类之间的相互作用，可以将对类层的测试作为单元测试，而对于由类簇集成的模块测试对应到集成测试，系统测试与传统测试层相同。具体的层次关系如表 9-1 所示。

表 9-1 面向对象软件测试层次关系

传统测试	面向对象测试	
单元测试	类测试	方法级测试；类级测试
集成测试	类簇测试（集成测试）	
系统测试	系统测试	

1. 类测试

类测试又可以分为两级：一是方法级测试，二是类级测试。两者测试的重点有所不同。

方法级测试重点在于测试封装在类中的每一个方法，这些方法关系到对类的数据成员所进行的操作。方法级测试可以采用传统的模块测试方法，但方法封装在类中，并通过向所在对象发消息来执行，它的执行与状态有关，特别是在操作具有多态性时，设计测试用例时要考虑设置对象的初态,并且要设计一些函数来观察隐蔽的状态值。测试方法主要是传统的单元测试方法。

类级测试重点在于测试同一类中不同方法之间的交互关系。面向对象的类测试主要考察封装在一个类中的方法和类的状态行为。进行类测试时要把对象与其状态结合起来,进行对象状态行为的测试,因为工作过程中对象的状态可能会被改变,而产生新的状态。测试范围主要是类定义之内的属性和服务,以及有限的对外接口的部分。在类测试过程中,不能仅仅检查输入数据产生的结果是否与预期的结果吻合,还要考虑对象的状态,整个过程应涉及对象的初态、输入参数、输出参数以及对象的终态。

2. 类簇测试(集成测试)

可以把一组相互有影响的类看成一个整体,称为类簇。类簇测试主要根据系统中相关类的层次关系,检查类之间的相互作用的正确性,即检查各相关类之间消息连接的合法性、子类的继承性与父类的一致性、动态绑定执行的正确性、类簇协同完成系统功能的正确性等。其测试有两种不同策略,即基于类间协作关系的横向测试和基于类间继承关系的纵向测试。

1)基于类间协作关系的横向测试

由系统的一个输入事件作为激励,对其触发的一组类进行测试,执行相应的操作、消息处理路径,最后终止于某一输出事件。应用回归测试对已测试过的类集再重新执行一次,以保证加入新类时不会产生意外的结果。

2)基于类间继承关系的纵向测试

首先通过测试独立类(指系统中已经测试正确的某类)来开始构造系统,在独立类测试完成后,下一层继承独立类的类(称为依赖类)被测试,这个依赖类层次的测试序列一直循环执行到构造完整个系统。

3. 系统测试

系统测试是对所有程序和外部成员构成的整个系统进行整体测试,检验软件和其他系统成员配合工作是否正确,另外,还包括确认测试内容,以验证软件系统的正确性和性能指标等是否满足需求规格说明书的要求。它与传统的系统测试一样,可沿用传统的系统测试方法。

在整个面向对象的软件测试过程中,集成测试可与单元测试同时进行,以减少单元集成时出现的错误。对已经测试通过的单元,在集成测试或系统测试中,可能发现独立测试没有发现的错误。

Perry 和 Kaiser 等通过研究 Weyuker 的测试数据集充分性公理得出了以下几个与面向对象程序有关的测试公理,在测试中应该予以遵守。

(1)反合成性公理。对程序的各个独立部分单独进行了充分的测试并不表明整个软件得到了充分的测试,这是因为当这些独立部分交互时会产生它们在隔离状态下所不具备的新的分支。

(2)反分解性公理。对程序的整体进行了充分的测试并不表明程序的各个独立部分都得到了充分的测试，这是因为这些独立的部分有可能被用在其他环境中，在这种情况下就需要对这个部分进行重新测试。

（3）反扩展性公理。对一个程序进行了充分性测试并不一定能使另一个相似的程序也得到充分的测试，这是因为两个相似的程序可能会具有完全不同的实现。

9.4　面向对象的单元测试

传统软件的基本构成单元为功能模块，每个功能模块一般能独立地完成一个特定的功能。而在面向对象的软件中，基本单元是封装了数据和方法的类和对象。对象是类的实例，有自己的角色，并在系统中承担特定的责任。对象有自己的生命周期和状态，状态可以演变。对象的功能是在信息的触发下，实现对象中若干方法的合成以及与其他对象的合作。

对象中的数据和方法是一个有机整体，面向对象的单元测试的类测试分两个部分：一种是以方法为单元，另一种是以类为单元。但无论是哪种级别，所设计的测试用例，建议都以测试类的形式来组织，避免针对同一类设计的测试用例过于分散。

9.4.1　以方法为单元

类的行为是通过其内部方法来表现的，方法可以看成传统测试中的模块。简单地说，这种方法与传统测试方法中的单元测试方法类似。因此，传统针对模块的设计测试案例的技术，如逻辑覆盖、等价划分、边界值分析和错误推测等方法，仍然可以作为测试类中每个方法的主要技术。面向对象中为了提高方法的重用性，每个方法所实现的功能应尽量少，每个方法常常只由几行代码组成，控制比较简单，因此测试用例的设计比较容易。基于方法的单元测试需要桩和驱动器测试方法。

另外，封装将数据、操作等集成在一个相对独立的程序单元——类中，类中方法的执行离不开一定的对象环境。测试类中的任何一个方法都必须首先将这个类实例化。在具体的测试过程中，方法封装在类中并通过向所在对象发消息来执行，它的执行与状态有关。具体过程如图 9-2 所示。因此，在具体的测试设计过程中，应注意针对不同的状态设计测试用例来测试类的成员方法。

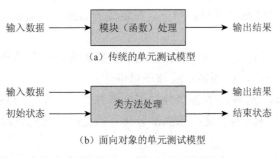

图 9-2　面向对象的单元测试模型

9.4.2　以类为单元

面向对象软件中，在保证单个方法功能正确的基础上，还应该测试方法之间的协作关系。所以在类测试过程中还需要将整个类作为测试单元进行测试，用来测试某一公有方法与类中其他直接或间接调用方法间的协作和交互情况，它类似于过程式语言中的集成测试。

以类为单元的测试方法可以沿用传统的过程模型的集成测试方法。在这里的集成范围被控制在测试类中方法间的协作交互。除此之外，在面向对象的单元测试中，还可以采用其他测试方法，这里介绍基于状态图的类测试方法。

对象状态测试是面向对象软件测试的重要部分，同传统的控制流和数据流测试相比，它侧重于对象的动态行为，这种动态行为依赖于对象的状态。通过测试对象动态行为，能检测出对象成员函数之间通过对象状态进行交互时产生的错误。因为对象的状态是通过对象数据成员的值反映出来的，所以检查对象的状态实际上就是跟踪被监视对象数据成员的值的变化。如果某个方法执行后对象的状态未能按预期的方法改变，则说明该方法中含有错误。下面分步来介绍基于状态图的类测试。

1. 状态转移图

类是面向对象程序的静态部分，对象是动态部分。对象的行为主要取决于对象状态和对象状态的转移。面向对象设计方法通常采用状态转移图建立对象的动态行为模型。状态转移图用于刻画对象响应各种事件时状态发生转移的情况，图中节点表示对象的某个可能状态，节点之间的有向边通常用"事件/动作"标出。状态转移图中的节点代表对象的逻辑状态，而非所有可能的实际状态。如图 9-3 所示的示例中，表示当对象处于状态 A 时，若接收到事件 event 则执行相应的操作 action 且转移到状态 B。因此，对象的状态随各种外来事件发生怎样的变化，是考察对象行为的一个重要方面。其中 A、B 表示两种状态，event 表示收到的事件。

图 9-3　对象-状态转移图

2. 测试方法

基于状态的测试是通过检查对象的状态在执行某个方法后是否会转移到预期状态的一种测试技术。使用该技术能够检验类中的方法是否正确地交互，即类中的方法是否能通过对象的状态正确地通信。

理论上讲，对象的状态空间是对象所有数据成员定义域的笛卡儿乘积。当对象含有多个数据成员时，对对象所有的可能状态进行测试是不现实的，这就需要对对象的状态空间进行简化，同时又不失对数据成员取值的"覆盖面"。简化对象状态空间的基本思想类似于黑盒测试中常用的等价类划分法。依据软件设计规范或分析程序源代码，可以从对象数据成员的取值域中找到一些特殊值和一般性的区间。特殊值是设计规范里说明有特殊意义、在程序源代码中逻辑上需特殊处理的取值。位于一般性区间中的值不需要区别各个值的差别，在逻辑上以相同方式处理。

进行基于状态的测试时，首先要对受测试的类进行扩充定义，即增加一些用于设置和检查对象状态的方法。通常是对每一个数据成员设置一个改变其取值的方法。另一项重要工作是编写作为主控的测试驱动程序，如果被测试的对象在执行某个方法时还要调用其他对象的方法，则需编写桩程序代替其他对象的方法。

测试过程为：首先生成对象；然后向对象发送消息把对象状态设置到测试实例指定的状态；接着发送消息调用对象的方法；最后检查对象的状态是否按预期的方式发生变化。

3. 测试步骤

下面给出基于状态转移图的类测试的主要步骤：

（1）依据设计文档或通过分析对象数据成员的取值情况，导出对象的逻辑状态空间，得到被测试类的状态转移图。

（2）给被测试的类加入用于设置和检查对象状态的新方法。

（3）对于状态转移图中的每个状态，确定该状态是哪些方法的合法起始状态，即在该状态时，对象允许执行哪些操作。

（4）在每个状态中，从类中方法的调用关系图最下层开始，逐一测试类中的方法，测试每个方法时，根据对象当前状态确定出对方法的执行路径有特殊影响的参数值，将各种可能组合作为参数进行测试。

4. 测试用例的生成

对于基于状态的类测试方法可采用深度或广度测试的方法先建立扩展树，树的节点表示状态，边表示状态之间的转移。根据树中的一条路径（从根节点到叶节点）来生成测试用例。如图9-4所示，将通过转移a到状态S1，根据S1状态按照广度扩展建立扩展树。

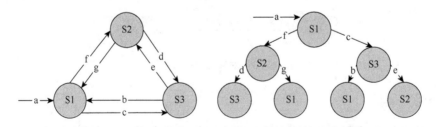

图9-4　面向对象单元测试状态转移扩展树的生成示意图

9.5　面向对象的集成测试

9.5.1　面向对象的集成测试概述

传统面向过程的软件模块具有层次性，模块之间存在着控制关系。面向对象软件功能散布在不同类中，通过消息传递提供服务。由于面向对象软件没有一个层次的控制结构，传统软件自顶向下和自底向上的组装策略意义不大，构成类的各个部件之间存在直接和非直接交互，软件的控制流无法确定，采用传统的将操作组装到类中的增值式组装常常行不通。

集成测试关注系统的结构和类之间的相互作用，测试步骤一般分成两步，首先进行静态测试，然后进行动态测试。静态测试主要针对程序的结构进行，检测程序结构是否符合设计要求，采用逆向工程测试工具得到类的关系图和函数关系图，与面向对象设计规格说明比较检测程序结构和实现上是否有缺陷，是否符合需求设计。

动态测试根据功能结构图、类关系图或者实体关系图，确定不需要被重复测试的部分，通过覆盖标准减少测试工作量。覆盖标准有如下几类：

（1）达到类所有的服务要求或服务提供的覆盖率。

（2）依据类之间传递的消息，达到对所有执行线程的覆盖率。

（3）达到类的所有状态的覆盖率。

通过下列步骤设计测试用例：

（1）选定检测的类，参考面向对象的设计分析结果，得到类的状态和行为、类或成员函数间传递的消息、输入或输出的界定等数据。

（2）确定采用什么样的覆盖标准。

（3）利用结构关系图确定待测类的所有关联。

（4）根据程序中类的对象构造测试用例，确认使用什么输入激发类的状态、使用类的服务和期望产生什么行为等。

9.5.2　面向对象交互测试

面向对象软件由若干对象组成，通过对象之间的相互协作实现既定功能。交互既包含对象和其组成对象之间的消息，还包含对象和与之相关的其他对象之间的消息，是一系列参与交互的对象协作中的消息的集合。例如，对象作为参数传递给另一对象，或者当一个对象包含另一对象的引用并将其作为这个对象状态的一部分时，对象的交互就会发生。

对象交互的方式有如下几类：

（1）公共操作将一个或多个类命名为正式参数的类型。

（2）公共操作将一个或多个类命名为返回值的类型。

（3）类的方法创建另一个类的实例，并通过该实例调用相关操作。

（4）类的方法引用某个类的全局实例。

交互测试的重点是确保对象之间进行消息传递，当接收对象的请求、处理方法的调用时，由于可能发生多重的对象交互，需要考虑交互对象内部状态的影响，以及相关对象的影响。这些影响主要包括：所涉及对象的部分属性值的变化；所涉及对象的状态的变化；创建一个新对象和删除一个已经存在的对象而发生的变化。

交互测试具有以下几个特点：

（1）假定相互关联的类都已经被充分测试。

（2）交互测试建立在公共操作上，相对于建立在类实现的基础上要简单。

（3）采用一种公共接口方法，将交互测试限制在与之相关联的对象上。

（4）根据每个操作说明选择测试用例，并且这些操作说明都基于类的公共接口。

1. 交互类型

面向对象程序中的类分为原始类和非原始类。原始类是最简单的组件，其数目较少。非原始类是指在某些操作中支持或需要使用其他对象的类。根据非原始类与其他实例交互的程度，非原始类分为汇集类和协作类。下面具体介绍汇集类测试和协作类测试。

1）汇集类测试

汇集类是指有些类的说明中使用对象，但是实际上从不和这些对象进行协作。编译器和开发环境的类库通常包含汇集类，如，C++ 的模板库、列表、堆栈、队列和映射等管理对象。汇集类一般具有如下行为：

（1）存放这些对象的引用。

（2）创建这些对象的实例。

（3）删除这些对象的实例。

2）协作类测试

凡不是汇集类的非原始类都是协作类。协作类是指在一个或多个操作中使用其他对象并将其作为实现中不可缺少的一部分。协作类测试的复杂性远远高于汇集类的测试，协作类测试必须在参与交互的类的环境中进行测试，需要创建对象之间交互的环境。

2. 交互测试

系统交互既发生在类内方法之间，也发生在多个类之间。类 A 与类 B 之间的交互过程如下所述：

（1）类 B 的实例变量作为参数传给类 A 的某方法，类 B 的改变必然导致对类 A 的方法的回归测试。

（2）类 A 的实例作为类 B 的一部分，类 B 对类 A 中变量的引用需进行回归测试。

交互测试的粒度与缺陷的定位密切相关，粒度越小越容易定位缺陷。但是，粒度小使得测试用例数和测试执行开销增加。因此，测试权衡于资源制约和测试粒度之间，应正确地选择交互测试的粒度。

被测交互聚合块大小的选择，需要考虑以下三个因素：

（1）区分那些与被测对象有组成关系的对象和那些仅仅与被测对象有关联的对象。在类测试期间，测试组合对象与其组成属性之间的交互，集成测试时，测试对象之间的交互。

（2）交互测试期间所创建的聚合层数与缺陷的能见度紧密相关，若"块"太大，则会有不正确的中间结果。

（3）对象关系越复杂，一轮测试之前被集成的对象应该越少。

9.6　面向对象的系统测试

面向对象的系统测试就是测试软件与系统其他部分配套运行的表现，以保证在系统各部分协调工作的环境下也能进行工作。系统测试不仅是确认系统在实际运行时，它是否满足用户的需要，也是对软件开发设计的再确认。因此，在进行系统测试时，应该参考面向对象的分析结果，对应描述的对象、属性和各种服务。其测试内容包括以下几种。

1. 功能测试

以软件分析文档为标准，测试系统的功能是否达到要求，是否满足用户的需求。

2. 强度测试

测试系统的负载情况和功能实现情况，如信息系统能容纳多少人同时在线操作。

3. 性能测试

与强度测试相结合，测试软件系统的运行性能。在测试前，用户一般会对软件系统的性能提出相应的指标，如响应时限、传输速度、计算精度、出错率等。根据这些指标，对系统进行测试。

4. 安全性测试

验证安装在系统内的保护机构确实能够对系统进行保护。

5. 恢复测试

采用人工干扰使软件出错，中断使用，检测系统的恢复能力。

6. 可用性测试

测试用户是否能够满意使用，主要指操作是否简便、操作界面是否符合使用习惯。

7. 安装/卸载测试

测试用户是否能方便地安装和卸载。

总的来说，面向对象的集成测试和系统测试都是基于面向对象的分析和设计进行的，在分析阶段总结出的用例图、状态图、顺序图、协作图和活动图都可以作为集成测试和系统测试的依据。

9.7　面向对象的测试和传统测试的比较

面向对象的测试在许多方面需要借鉴传统软件测试方法中可适用的部分，并且在软件开发的具体实践中，也经常混合使用面向对象的开发方法和结构化的开发方法，因此二者存在一些相通之处。但是，与传统方法相比，面向对象开发方法和软件又有许多新的内容和特点，从而导致二者的不同。

1. 测试的单元不同

传统软件的基本构成单元为功能模块，每个功能模块一般能独立地完成一个特定的功能。而在面向对象的软件中，基本单元是封装了数据和方法的类和对象。对象是类的实例，有自己的角色，并在系统中承担特定的责任。对象有自己的生命周期和状态，状态可以演变。对象的功能是在信息的触发下，实现对象中若干方法的合成以及与其他对象的合作。

2. 集成测试不同

面向对象软件以类为设计单元，没有层次的控制结构，传统的自顶向下和自底向上集成策略对类的层次没有意义。如果希望一次集成一个类方法到类中（即传统的增量集成方法），有时也会遇到问题，这是由于被集成的类方法也可能存在直接和间接与其类的其他方法的交互，甚至类成员中类对象的成员方法交互。同理，基于调用图的方法也会出现这些问题。所以，面向对象软件的集成测试更多根据基于面向对象软件的特点，采用了基于统一建模语言的测试方法。

3. 系统构成不同

传统的软件系统是由一个个功能模块通过过程调用关系组合而成的。而在面向对象的系统中，系统的功能体现在对象间的协作上，相邻的功能可能驻留在不同的对象中，操作序列是由对象间的消息传递决定的，总体功能实现不再是靠子功能的调用序列完成的，而是在对象之间合作的基础上完成的。不同对象有自己不同的状态，而且同一对象在不同的状态下对消息的响应可能完全不同。因此，面向对象的集成测试已不属于功能集成测试。

小　结

面向对象开发技术的出现，给软件测试带来了前所未有的冲击。面向对象独有的特点，使得传统的测试技术不再适用。面向对象概念中所具有的全新特征，如封装、继承、多态等使得面向对象的软件开发更利于软件的复用，从而缩短了软件开发周期，提高了软件开发质量，同时也能方便软件的维护。然而，不可否认的是，与传统的开发手段相比，面向对象的开发方法增加了测试的复杂性，使得两者的测试方法和测试过程有了很大的不同。本章重点讨论了面向对象软件测试的不同层次及其特点，以及面向对象软件测试的模型等内容。

习　题

1. 测试面向对象的软件和传统软件有何不同？
2. 什么是测试视角？从测试视角如何看待面向对象的基本概念？
3. 面向对象软件的测试模型是什么？
4. 面向对象软件测试的层次是怎样的？

第 10 章　第三方测试与云测试

第三方测试，就是由既非开发方亦非使用方的第三方来对软件进行测试，其目的是为了保证测试工作的客观性。云测试，是基于云计算的一种新型测试方案，服务商提供一整套的测试环境，测试人员利用虚拟桌面等手段登录到该测试环境对软件进行测试。本章主要介绍第三方测试和云测试的基础知识。

10.1　第三方测试的基本概念

10.1.1　第三方软件测试

第三方软件测试又称独立测试，是将软件测试与软件开发剥离开，由开发者和用户以外的第三方进行的软件测试。狭义的理解是独立的第三方测试机构，如国家级软件评测中心，各省市（自治区）软件评测中心、有资质的软件评测企业等。广义的理解是非本软件的开发人员，如质量保证（quality assurance，QA）部门人员测试、公司内部交叉测试等。在国际上软件业较发达的国家，绝大多数的软件认定都需要第三方测试的介入，软件测试行业的产值几乎占了软件行业总产值的 1/4。而在国内，软件第三方测试的发展还处于起步阶段，但已经有许多软件企业开始认识到第三方测试的重要性，在一些重要应用领域，如电子政务、金融、安全、航空、军工等方面，已逐步将软件测试和质量监督通过合同关系委托第三方承担，取得了确保软件产品质量的预期效果。随着社会分工的不断细化，在软件工程中引入第三方测试是提高测试水平、保证测试质量、充分发挥测试效用的有效途径。

10.1.2　第三方测试的意义和分类

1. 第三方测试的意义

采用第三方测试方式,无论在技术上还是管理上对提高软件测试的有效性都是很有意义的，主要表现在以下四个方面。

（1）客观性。从心理学角度看，人的思维具有惯性或模式化特点。当一个程序开发人员在完成了设计和编写程序的建设性工作后，要让其对程序形成一个完全否定的态度，在自己的工作中找出缺陷，是非常困难的，而且程序开发人员在测试中无法发现自己对问题的叙述和说明因误解而产生的错误。而独立机构的测试人员因没有参加开发，所以可以比较客观地开展工作，他们在测试中发现的错误更客观地体现了"旁观者清"的状况。首先，独立机构没有"努力去证明软件是正确的"这一开发人员常有的心理压力，有更高的查错积极性,在软件测试中对软件错误能抱着客观的态度,从而可以解决测试中的心理学问题,既能够以揭露软件错误的态度进行测试，也能够不受发现错误的影响而继续工作。其次,独立机构在利益和管理上不受开发方的控制,这种独立性使其工作有更充分的条件按测试要求去做。

（2）专业性。独立测试作为一种专业工作，在长期的工作过程中势必能够积累大量的实践经验，形成自己的专业优势。同时软件测试也是技术含量很高的工作，需要有专业队伍加以研究，并进行工程实践。专业化分工是提高测试水平、保证测试质量、充分发挥测试效用的必然途径。

（3）权威性和有效性。软件测试是一项专业性很强的工作，测试一个大型软件所需要的创造力有时甚至会超过设计该软件所要求的创造力。由于软件测试的目的、测试思路、测试策略、测试方法和技术与软件设计有着明显的区别，甚至截然不同，所以并非任何一个软件开发人员都能够胜任这项工作，而第三方测试机构完全具备这方面的能力，使得测试结果具有权威性和有效性。

（4）独立性。独立第三方机构的主要任务是进行独立测试工作，这使得测试工作在经费、人力和计划方面更有保证，不会因为开发的压力而减少对测试的投入，降低测试的充分性，可以避免目前开发单位普遍存在的重开发、轻测试的现象。

2. 第三方测试的分类

第三方测试工作需要依据国际、国内测试标准及特殊行业软件测评大纲，对软件用户文档、功能性、易用性、性能效率、应用安全性等方面进行测试和评价，并出具相应的软件测试报告。

根据用途不同，第三方软件测试可分登记测试、确认测试、鉴定测试、验收测试、代码测试、性能测试及安全性测试等类型。

（1）登记测试主要用于双软认证，即软件企业的认定和软件产品的登记。该类型的测试可为软件产品登记备案提供工业和信息化部认可的、全国范围适用的、具有权威性的软件产品登记测试报告。软件产品登记测试范围包括对软件功能性、易用性及可移植性的验证。功能性主要是指功能适合性，易用性主要是指系统的易理解性和易操作性，可移植性是指适应性和易安装性。

（2）确认测试主要用于确认软件完成了用户需求规格说明书中规定的软件功能，测试范围主要包括对软件功能性验证、可靠性的确定、软件易用性及可移植性的验证以及用户文档的评审。

（3）鉴定测试主要用于进行项目的申报、结题，科技进步奖的技术鉴定，同时可作为软件产品资产入股技术评估的依据。软件产品鉴定测试从技术和产品应用层面对软件质量特性进行全方位、系统的测试及评估，测试范围包括对软件功能性的逐一验证，采用性能测试工具对软件性能进行自动化测试，对软件的可靠性、易用性、维护性及可移植性进行验证。

（4）验收测试是针对软件开发合同及标书中的技术指标来构建测试方案，用以验证软件工程项目是否满足用户需求，产品功能实现与性能指标是否达到相关文件中规定的要求。

验收测试结果可用于对开发完成的软件项目进行全面、系统的工程验收，也可作为判断软件工程和系统集成项目是否按规定完成的一项依据。

（5）代码测试主要是帮助用户对软件源代码进行审查，找出代码设计缺陷。代码测试主要是根据用户制定的规范帮助用户检查代码和设计的一致性，代码内容的规范性、可读性，代码逻辑的正确性以及代码实现和代码结构的合理性。

（6）性能测试通常是指软件专项性能验证，主要是帮助用户验证指定的系统功能模块是否达到预期的性能指标。软件性能测试主要是配置好指定的系统软硬件运行环境，通过测试工具检测系统运行时某功能模块在指定用户并发情况下的响应时间、吞吐量、事务处理速率等指标。

（7）安全性测试主要是依据国标、行业标准等相关技术规范，严格按程序对软件系统的安全保障能力进行科学公正的综合测试评估活动，以帮助系统使用单位分析系统当前的安全运行状况、查找存在的安全问题，并提供安全改进建议，从而最大限度地降低系统的安全风险。安全性测试主要是从系统的身份验证、数据加密、权限控制、数据校验、并发控制、安全审计等方面出发，通过分析系统运行时的网络对话包，找出系统可能存在的安全隐患，并反馈给用户。

10.2　第三方测试的测试过程

第三方软件测试机构签订了委托测试合同后，开始进行测试需求分析、制定测试需求说明书、制订测试计划、编写测试用例及搭建测试环境、测试执行、编制测试报告并评审和测试总结等工作。测试工作流程如图 10-1 所示。

1. 测试需求分析

测试需求人员通过与客户进行沟通和阅读软件相关文档，获取客户的显性和隐性测试需求信息，形成《测试需求说明书》。《测试需求说明书》要经过相关方评审，并体现出用户的真实需求。

2. 测试项目策划

测试策划人员根据委托方提供的被测软件、与被测软件相关的文档、《测试需求说明书》等内容，制订《测试计划》。《测试计划》的主要内容包括识别测试任务、定义测试目标和为了实现测试目标而进行的测试活动。此外，相关方需要对《测试计划》进行评审。

3. 测试分析和设计阶段

该阶段的主要任务包括以下几个方面：
（1）评审测试依据，包括需求分析、用户手册、说明书等。
（2）设计测试用例并确定其优先级。
（3）确认测试条件和测试用例所需要的测试数据。
（4）测试环境的搭建和确认测试需要的设施设备。

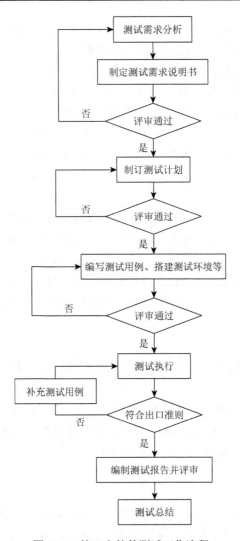

图 10-1　第三方软件测试工作流程

该阶段要设计测试用例，并编写《测试用例》文档。《测试用例》要经过相关方评审。

4. 测试实现和执行阶段

该阶段的主要任务包括以下几个方面的内容：
（1）测试用例开发、实现并确定其优先级。
（2）创建测试数据，设计自动规划测试脚本。
（3）确认已正确搭建了测试环境。
（4）根据计划的执行顺序，执行测试用例。
（5）记录测试执行的结果。
（6）比较实际测试结果和预期结果，若之间存在差异，则上报给项目经理，对缺陷进行确认，并分析引起差异的原因。

（7）缺陷修正后，重新进行测试。

该阶段形成《测试执行记录》和《缺陷列表》。

5. 评估出口准则和编写测试报告

评估出口准则是将测试的执行结果与已定义的测试目标进行比较，评估是否需要进行更多的测试，或者需要更改测试的出口准则。项目经理和测试人员共同根据测试结果编写测试报告。测试报告一般由编制人员、审核人员和批准人签字。

6. 测试总结

测试结束后，需要从已完成的测试任务中收集和整合有用的数据，主要包括：检查提交可交付产品；记录和归档测试环境、测试设备等；分析和整理获得的经验教训等。

10.3　云测试技术

在软件生命周期中，软件测试是较为耗费资源和时间的一环。自动化测试虽然可以提高软件测试效率，但效果仍然比较有限，且无法解决资源耗费的问题。随着信息技术的迅猛发展，大数据、云计算时代已经来临，人们应用信息的方式发生了很大的变革，同样软件测试方式也发生了极大的改变。云计算的诸多优点，如超大规模、虚拟化、高可用性、通用性等，为搭建虚拟化、高可靠性的软件测试环境，实现便捷的软件测试服务，进一步降低测试成本带来了新的可能。

10.3.1　云测试概述

云计算的蓬勃发展，给软件测试行业注入了新的活力。云计算最初来自 Sun 公司的创建者约翰·盖奇于 1988 年提出的"网络就是计算机"的概念。由于云计算具有超大规模计算能力、虚拟化、高可靠性、高伸缩性、按需服务、服务价格低廉等特点，目前已经成为各大企业机构研究的热点，而且目前云服务商推出的很多相关产品已经证明了云计算的实用性，云计算已被各企业、机构和个人所接受，他们纷纷选择云服务构建自己的应用。在云计算服务测试平台方面，很多企业推出了自主研发的云计算服务测试平台，国外比较典型的应用公司有 Cloud Testing、Keynote、Soasta 等，国内比较典型的公司有班墨、阿里巴巴、百度等。目前主要的云测试平台如表 10-1 所示。

表 10-1　主要云测试平台

名称	公司名称	云测试服务	国外/国内
Cloud Testing	Cloud Testing	提供多种浏览器和操作系统的平台	国外
Selenium 开源测试框架	ThoughtWorks	提供 mingle 项目管理与协作的工作环境；提供 twist 自动化测试协作平台；提供 cruise 管理与持续集成工具；提供 Selenium 开源测试框架	国外
Kite	Keynote	发布 Kite 工具，拥有独立的浏览器，提供性能测试标准给整个 Web 应用生命周期	国外

续表

名称	公司名称	云测试服务	国外/国内
Cloudtest	Soasta	发布 Cloudtest, 开源测试任何 Web 应用程序	国外
TestMaker	PushToTest	推出云测试工作 TestMaker, 开源支持本地和云端或者是两者皆可的测试方式	国外
班墨云测试平台	班墨	首个云测试平台, 用户可以使用 AlldayTestV3.0 测试来自本地或网络的 Web 应用程序	国内
一淘云测试平台	阿里巴巴	用于测试机的动态申请和管理	国内
MTC	百度	移动云测试中心(MTC), 为开发者提供全方位的移动 App 云测试服务	国内
Testin	北京云测网络科技	Testin 云测试平台包括云测试 iTestin、群测试 inTestin、云测宝 qTestin 等三种测试, 为用户提供终端云测试服务	国内

把云计算环境下进行的软件测试称为云测试, 把支持软件测试的云计算环境称为测试云。云测试是基于云计算的一种新型测试服务模式。提供测试服务的云计算环境(测试云)提供多种系统、多种浏览器的平台, 用户通过网络提交测试对象和自动化测试脚本, 测试云进行资源调度、测试任务分配到云端进行测试, 并将集中测试结果提交给用户。

云测试可实现在硬件、软件和人力资源成本方面的巨大节省, 并且提供复杂测试环境的高效支持。在传统的测试环境下, 企业需要自行购买各种测试基础设施, 测试前期需要投入更多的资源对测试人员进行培训, 需要手工对测试资源和测试环境进行配置与分配, 而且可扩展性差。而云测试的基础设施由云测试服务提供商提供, 企业只需按需付费购买, 云平台就可以根据需要动态分配测试资源, 资源利用率高、可扩展性强。传统测试与云测试的差异如表 10-2 所示。

表 10-2 传统测试与云测试的差异

角度	传统性能测试	基于云计算的性能测试
基础设施	需由企业自己购买测试基础设施	由云测试服务提供商提供
价格模型	在项目初期投入较大, 一次性付费	按需付费, 可以按照被测项目规模、项目目标、时间、项目进度等进行付费
测试人员要求	企业需要投入较多时间、精力、费用对测试人员进行专业技术培训	由云测试服务提供商配置专业的测试人员, 解决用户后顾之忧
测试过程管理	分散管理模式, 软件质量无法保证	集中管理模式, 统一的软件质量保证
测试环境部署	手工配置、分配测试资源, 部署测试环境	云计算平台可动态地分配测试资源
商业扩展	资源闲置现象, 可扩展性差	利用虚拟化技术, 有效利用云平台资源池化, 可扩展性强

10.3.2　云测试的特点

1. 测试规模可按需伸缩

云计算让超大规模的计算能力不再是特定部门的专利，其出现让每个人都可以接触到云背后"无限"的计算能力，且无须关注计算能力的管理。当一个测试软件运行在云上之后，它就可以使用这种"无限"的计算能力，当某些测试任务需要很大的负载时，如铁路售票网站 12306 这种需要巨大压力来测试其访问承受能力的网站，就需要测试软件在某一段时间内调用海量的计算能力，产生足够的测试规模来进行测试；但是也有很多测试场景只需要较小的测试规模，这时则不需要太多的计算资源。通过云计算技术，可以将计算资源的管理和测试进行分离，使测试软件可以快速获得所需的计算资源，以适应各种规模的测试任务。

2. 提高测试的可靠性

目前，计算机硬件的平均无故障时间是 40000h 左右，而软件无故障时间更短，这就意味着测试软件单机运行时随时都会出现软硬件故障，从而导致测试任务失败。但是测试软件运行在云上可以避免这一问题，因为在云上测试任务的状态是可以随时被保存的，当某个测试软件实例失败后，可以随时获得计算资源启动新实例，继续测试任务。现在的云计算设计时都考虑到了容错、冗余、灾难备份等，云上的"计算机"的平均无故障时间远远高于目前的普通计算机，所以测试软件运行在云上可以大大提高测试的可靠性。

3. 降低测试的成本

云计算可以按需获取计算资源，按使用量付费，不需要时可以随时释放，这也就意味着测试软件运行在云上，其实是与其他应用或者服务共享计算资源，类似于通信中信道的时分复用形式，这样就使得在测试任务需要很多计算资源时可以及时获取却不需要一直维持着大规模的计算资源，只是在进行某些特定的测试任务时才会去云上获取大量的计算资源，既达到了大规模测试的目的，又降低了测试成本。

4. 简化测试时的计算资源管理工作

管理大量的计算机资源是一件很复杂的事情，因为要考虑计算机的硬件维护、系统环境的部署、软件升级等情况，此外要涉及虚拟化、网络设计等技术，需要的人力、技术要求都是比较高的，但是当测试软件运行在云上之后，计算资源的管理就完全透明，只需要向云申请所需的计算资源就可以得到，前面所提的各种复杂情况和技术都无需专人负责，因此可以大大降低测试时的计算资源管理工作，使开发者更专注于测试任务本身。

10.4　云测试抽象模型

云测试平台是一个复杂的软件、硬件和服务的综合体，它是在云计算技术的基础上进行的，其抽象模型是在云计算基本架构基础上提出的。云测试的抽象模型如图 10-2 所示。

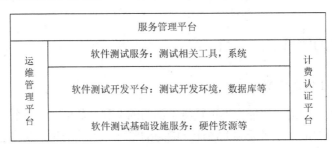

图 10-2　云测试抽象模型

云测试抽象模型主要包括以下 6 个部分：

（1）基础设施即服务（infrastructure as a service，IaaS），是把计算、存储、网络以及搭建测试环境所需的一些工具当成服务提供给用户，使用户能够按需获取 IT 基础设施。

（2）平台即服务（platform as a service，PaaS），把测试软件的开发、测试和部署环境当成服务，基于互联网提供给用户，为用户提供数据库、操作系统、测试开发环境等。

（3）测试即服务（testing as a service，TaaS），是一种基于互联网提供软件测试服务的应用模式，用户可在线使用各种测试服务，如测试自动设计、自动化功能测试、测试管理等。

（4）计费认证平台，实现用户认证，提供各种服务层面的费用计算，支持多种计费方式。

（5）运维管理平台，支持所有资源以及活动的自动监控和管理，使得少量的管理人员就能轻松地管理数千台的物理设备。

（6）服务管理平台，是运营云测试服务的平台，可实现从服务请求、监控管理到服务结束的所有活动，是一个自动化的管理系统，可以管理云测试的所有资源及服务。

10.5　云测试关键技术

云计算主要采用虚拟化和分布式处理两种关键技术。对于基于云计算技术的云测试，其同样采用这两种关键技术。

1. 虚拟测试节点的分配、部署、调度

虚拟化就是把物理资源转变为逻辑上可以管理的资源，以打破物理结构之间的壁垒。云测试要把测试资源链接到云计算环境中，首先需要解决的问题就是测试资源的虚拟化。在 IaaS 模式下将硬件资源虚拟化，然后由虚拟机将其远程提供给用户使用，用户可在虚拟机中安装或定制自己所需的操作系统、驱动程序和应用软件。

云测试平台可以根据测试需求分配虚拟测试节点，并根据环境配置模板分发部署操作系统、软件系统以及测试系统等完成测试环境的搭建。此外，在测试过程中云测试平台可根据虚拟测试节点的状态以及资源的消耗情况，动态调度虚拟机运行、停止以及重新分配等，从而达到测试的需要。

2. 分布式存储

数据的分布式存储是指将数据分散地存储在多台设备上，对存储资源进行抽象表示与

统一管理。分布式存储系统能够利用多台存储服务器分担存储负荷，其系统结构具有很好的可扩展性，还可以利用位置服务器定位存储信息等。

目前，常见的数据存储技术包括 Google 的 GFS（Google file system）与 Hadoop 中的 HDFS（Hadoop distributed file system）等。

3. 测试用例部署、调度，结果收集

测试实施前，首先制订具体测试计划，主要集中在部署调度策略上，即哪个虚拟测试节点执行哪些脚本、收集哪些信息、各个测试节点的执行顺序及同一测试节点上测试用例执行的先后顺序等。然后根据部署调度策略进行测试脚本部署、调度，最后执行测试，收集需要的结果信息并进行分析。当然这与虚拟测试节点的部署调度是不同的，但也存在一定关联，例如，当虚拟测试节点出现故障或资源不足时，云测试平台会动态部署、调度虚拟测试节点，可能涉及某些测试节点的停止、重新分配，这时测试用例的部署、调度以及结果的收集也需要进行相应的动态变化。云服务资源调度网络架构如图 10-3 所示。

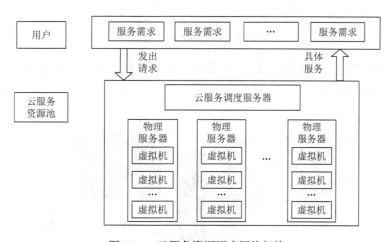

图 10-3　云服务资源调度网络架构

10.6　云测试平台实例
——浪潮测试云平台解决方案

浪潮测试云平台采用预配置好的工具环境为测试团队提供便利的支撑，使得测试团队可以快速方便地获取专业的测试工具环境，从而极大地提高测试的专业化程度，降低测试成本。浪潮测试云平台架构如图 10-4 所示。

浪潮测试云平台包括完整的软件测试系统、完整的测试方法和测试流程，并培养了一支专业的软件测试团队，能够在测试过程或方法体系的基础上，有效地使用测试工具，从而更好地保证评测软件的质量。

测试云平台的用户主要包括测试项目的项目经理、测试经理、领域专家与测试人员。测试服务云主要为这些相关用户提供测试管理、缺陷管理、自动化测试管理、功能测试、

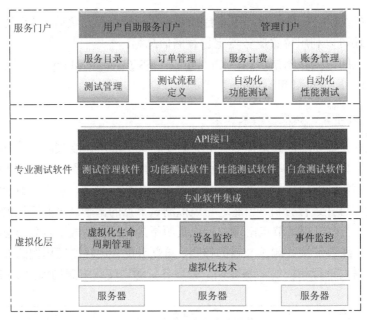

图 10-4　浪潮测试云平台架构

性能测试、流程管控等专业化的服务，以便于测试项目的快速开展与项目管控。浪潮测试云用户场景如图 10-5 所示。

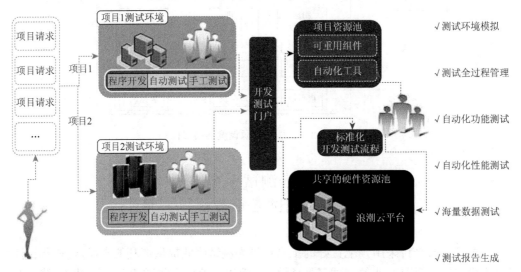

图 10-5　浪潮测试云用户场景

对于测试项目，项目立项后，项目经理会制订详细的测试计划，根据项目计划安排测试进度和迭代计划，根据被测需求安排测试用例的开发与自动化测试程序的开发，根据任务量安排人力资源与物理测试环境，根据项目统一流程安排测试流程与相关角色对应的人员，明确每个角色相关人员的任务。

项目计划一旦批准，测试经理会马上根据测试计划发出项目请求，从测试云平台申请需要的测试环境，主要包括自动化测试程序开发环境、自动化测试运行环境、手工测试需要的运行环境等。

云平台会根据测试经理输入的需求来初始化需要的测试环境，从预先定义好的项目资源库中加载需要的测试环境模板，选择共享的物理资源池中可用的物理资源，快速地启动相关开发环境与测试环境供测试团队使用。

被测系统环境申请完成后，企业用户会登录并根据被测系统要求来配置被测环境。

测试准备阶段，测试经理会在测试环境申请完成后安排测试人员进行自动化测试程序的开发与准备。测试人员会在领域专家的指导下，于自动初始化好的测试开发环境下进行自动化测试脚本的开发与调试。

在测试准备工作完成后，测试人员在测试执行环境下执行自动化测试程序与手工测试程序。在测试执行过程中，测试人员会使用预先配置好的功能测试工具、性能（压力）测试工具、黑盒测试工具等专业工具来进行自动化测试及手工测试。测试的结果会自动记录在测试管理系统中并自动汇总。

在测试执行过程中，测试人员会记录发现的问题与缺陷，再将缺陷分配给企业开发团队的相关开发人员进行处理。

在测试项目执行过程中，企业用户和测试经理可以随时登录系统来查看测试项目的相关执行信息，包括测试流程、测试进度、测试结果、被测系统质量状况与发现的缺陷等。

测试经理在测试团队完成测试后会请求释放测试环境，这时系统会在保留测试结果与测试缺陷的基础上释放基础物理资源以供其他项目组使用，只在测试管理系统中保留测试结果及缺陷记录。

整个过程完全自动化完成，这样不仅极大地降低了测试团队巨大的测试环境管理开销以及测试团队获取专业工具的门槛，也极大地提高了资源的利用效率。

小　　结

本章对第三方软件测试、云测试等测试新技术进行了简要介绍，包括第三方软件测试的定义、意义、分类和测试过程，云测试概述、云测试抽象模型、云测试关键技术等，并给出了一个云测试平台实例。通过本章的学习，读者可以对第三方软件测试及云测试有一个初步的认识。

习　　题

1. 简述第三方软件测试的定义。
2. 简述第三方测试的意义和分类。
3. 简述第三方测试流程。
4. 云测试及其特点是什么？
5. 云测试抽象模型是什么？
6. 云测试关键技术有哪些？

第11章 测试实践——一个实际软件项目的测试案例

本章通过一个实际软件项目的测试案例,让读者加深对软件测试技术和软件测试过程的理解,使理论得以应用。

对于任何一个软件项目,都不能盲目地照搬其他软件项目的测试过程,应该根据被测项目来制订适合的测试方案,并不一定要经历所有的测试过程。但测试过程中应该多取他人之长,多看一些典型的测试实例。储备了一定的理论知识,并从实践中积累了自己的经验,测试就能得心应手。

本章介绍的被测试项目是浏览器/服务器(B/S)架构的高校教师科研管理系统,详细介绍测试计划、测试用例、缺陷报告、测试结果总结与分析等内容。测试用例用于该高校教师科研管理系统的两个模块——用户登录、论文管理,这两个模块不但包含对数据库的应用,还对系统的安全性、准确性、高效性等有很高的要求。

11.1 被测试项目介绍

11.1.1 被测试系统概述

本系统使用 Java 语言开发,运用 SSM 框架即 Spring + SpringMVC + MyBatis,结合 Shiro 安全框架,进行用户认证、用户授权、用户资源和权限分配,使用 Ehcache 缓存机制,加上 MySQL 关系型数据库作为数据存储,前台页面使用 EasyUI 框架布局页面。

整个项目使用 Tomcat 作为 Web 服务器,运行在客户端,完成教师、院系和学校三个身份的功能,包含论文管理、专利管理、著作管理、成果获奖管理、论文转载、软件著作权管理、审核日志、成果报表、公告管理、系统基础管理等主要模块。

高校教师科研管理系统的总目标是为各大高校提供方便、高效的管理服务,减少烦琐的、多余的人工处理,最大化运行系统的功能,解决该高校教师科研的信息化管理和没有用多种形式展示的报表问题,从而增强高校对科研的实际管理能力,提升高校综合科研实力。详细的角色功能如下。

1. 教师功能

(1)软件著作权的录入、暂存、修改、删除、带查询条件的列表展示,查看著作权详情信息,著作权审核日志。

(2)论文转载的录入、暂存、提交、修改、删除、带查询条件的列表展示,查看论文转载详情信息,查看转载审核日志。

（3）论文管理的录入、暂存、提交、修改、删除、带查询条件的列表展示，查看论文详情信息，查看论文审核日志。

（4）著作管理的录入、暂存、提交、修改、删除、带查询条件的列表展示，查看著作详情信息，查看著作审核日志。

（5）专利管理的录入、暂存、提交、修改、删除、带查询条件的列表展示，查看专利详情信息，查看专利审核日志。

（6）成果获奖管理的录入、暂存、提交、修改、删除、带查询条件的列表展示，查看成果获奖详情信息，查看成果获奖审核日志。

（7）公告实时提醒功能，对于新的公告，会在教师初次登录系统给予提示和刷新页面提示。

（8）公告管理的一键阅读（批量阅读）与删除已读（批量删除已经阅读的公告）功能，阅读（单个公告的阅读）和删除（单个公告的删除）功能。

（9）教师科研成果报表概览、柱状图展示形式。

2. 院系专业负责人功能

（1）软件著作权：审核（可先查看上一次审核情况）、查看审核结果（包含最新审核记录）、带条件的审核查看列表。

（2）著作管理：审核（可先查看上一次审核情况）、查看审核结果（包含最新审核记录）、带条件的审核查看列表。

（3）论文管理：审核（可先查看上一次审核情况）、查看审核结果（包含最新审核记录）、带条件的审核查看列表。

（4）论文转载：审核（可先查看上一次审核情况）、查看审核结果（包含最新审核记录）、带条件的审核查看列表。

（5）专利管理：审核（可先查看上一次审核情况）、查看审核结果（包含最新审核记录）、带条件的审核查看列表。

（6）成果获奖管理：审核（可先查看上一次审核情况）、查看审核结果（包含最新审核记录）、带条件的审核查看列表。

（7）全院教师科研成果报表概览以表格和柱状图的形式展示。

3. 校级负责人功能

（1）论文转载：审核（包含文件下载）、查看审核结果（包含最新审核记录）、带条件的审核查看列表、Excel 表格导出。

（2）专利管理：审核（包含文件下载）、查看审核结果（包含最新审核记录）、带条件的审核查看列表、Excel 表格导出。

（3）软件著作权：审核（包含文件下载）、查看审核结果（包含最新审核记录）、带条件的审核查看列表、Excel 表格导出。

（4）著作管理：审核（包含文件下载）、查看审核结果（包含最新审核记录）、带条件的审核查看列表、Excel 表格导出。

（5）成果获奖管理：审核（包含文件下载）、查看审核结果（包含最新审核记录）、带条件的审核查看列表、Excel 表格导出。

（6）论文管理：审核（包含文件下载）、查看审核结果（包含最新审核记录）、带条件的审核查看列表、Excel 表格导出。

（7）公告管理：进行全校和院系公告信息的维护。

4. 系统管理

（1）部门管理：包含部门的添加、编辑、删除、列表。

（2）角色管理：包含角色信息的新增、授权、编辑、删除。

（3）资源管理：系统资源添加，包含菜单和按钮的链接以及图片添加，编辑菜单和按钮信息，删除菜单和按钮信息。

（4）用户管理：用户信息添加、编辑、删除，按照模板导入用户，根据院系等条件进行筛选用户列表。

（5）全校各院系科研成果统计报表概览（可深入具体院系，查看院系教师科研成果），图表浏览。

（6）系统日志管理：对用户访问系统行为进行留痕处理。

11.1.2　用户登录模块介绍

每一个管理系统首先具备的基本功能就是登录功能，本系统针对高校内部人员使用，用户信息由管理人员或者具有更高权限的人员进行预设，从系统安全角度出发，不能提供用户注册接口，因此登录成为使用整个系统功能的唯一入口，安全方面不言而喻，在设计时选用安全框架 Shiro 为系统安全保驾护航。在用户登录模块中不仅进行用户认证，而且进行用户授权。只有在用户认证和授权两步都成功完成后，用户才进入系统首页，使用系统功能，否则会提示用户相关错误信息，用户需要重新登录系统。另外，用户在登录时也可以勾选自动登录选项，登录成功后浏览器会记住当前用户，当在同一个浏览器中打开新页面时，无需登录操作。

登录流程如图 11-1 所示，根据用户输入的账号密码信息，Shiro 用户认证和授权成功后，进入系统首页；否则用户继续登录，并提示相应的信息，如登录名没有填写，就提交登录，提示"用户名不能为空"。登录页面如图 11-2 所示。

11.1.3　论文管理模块介绍

由于该系统分为三个身份，即教师、院系、学校，每一个身份都有论文管理模块，但实际操作却是不同的，下面分别进行介绍。

1. 教师端论文管理模块

为方便管理教师在论文方面的成果信息，本系统提供了论文管理功能，在该功能中包含了三个小模块：论文录入、论文查看、审核日志。其他大模块中也都包含了这三个小模块，以此为例进行介绍。论文管理功能的数据流图如图 11-3 所示。

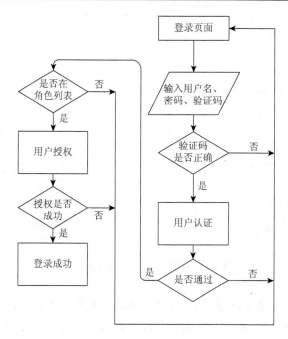

图 11-1　登录流程图

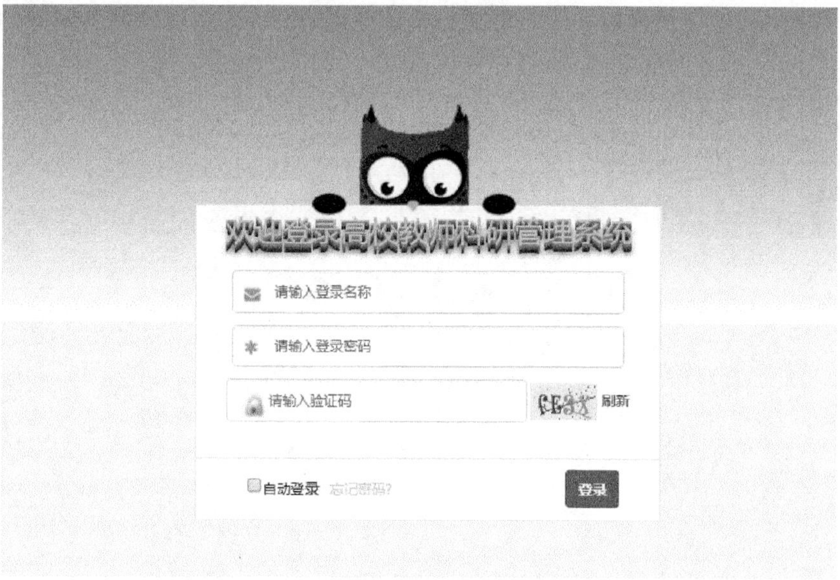

图 11-2　登录页面

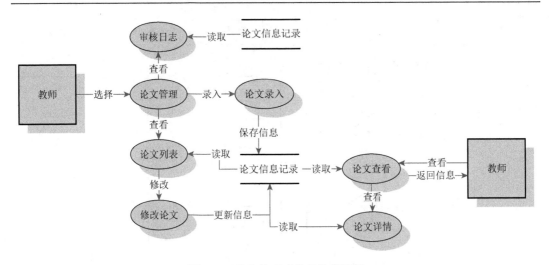

图 11-3　论文管理功能的数据流图

使用账号 teacher1，密码 test123 登录教师端。教师单击"论文录入"按钮进入论文录入模块，首先看到的是论文列表，在列表页面中展示了录入的论文信息，可以对某个论文信息进行编辑（在录入论文时可以对选择暂存或者被院级和校级退回修改的论文进行此操作）和删除，教师可以单击"论文录入"按钮录入论文信息，该列表界面同时提供了多种方式的查询操作，方便教师以多个条件进行快速信息检索。论文列表页面如图 11-4 所示。

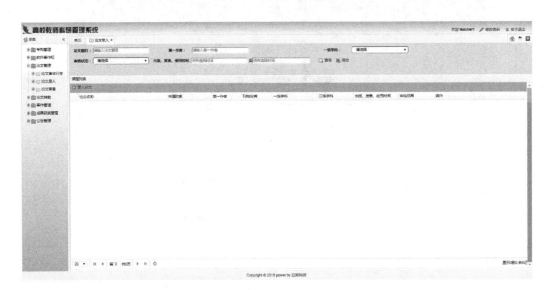

图 11-4　论文列表页面

教师单击列表页面的"论文录入"按钮，跳转到新增论文页面，在录入页面中教师除了必须填写的信息外，需要注意名称的填写，在填写时可以对论文名称进行查重处理。单击"名称查重"按钮，自动检索系统中该名称是否已经被使用，防止论文侵权，保证论文的有效性。如果名称已经使用，系统会自动提示"名称存在"，并清除所填写的内容；如果不重复则提示"名称有效"；如果不查重，所录论文与已经存在的论文重复，在提交时也会被阻止存储。另外，教师可以上传相关的附件，信息填写完成后，教师可以选择暂存、提交、清空操作，如图 11-5 所示。

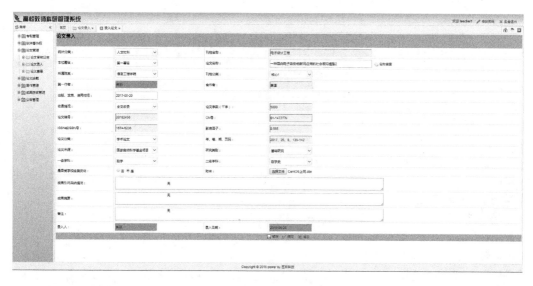

图 11-5　论文录入页面

2. 院系端论文管理模块

该模块涉及院系审核人员对教师提交的论文进行审核。审核完成后，提供查看审核结果功能，其数据流图如图 11-6 所示。

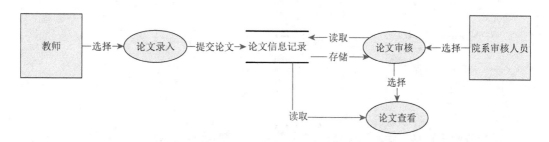

图 11-6　论文审核数据流图

院系审核人员选择论文管理菜单，单击"论文审核"按钮进入论文列表，在该列表中可以进行多个条件的筛选，在每一条记录后面提供了"审核"按钮或"查看审核结果"按钮。单击"审核"按钮即可对教师提交的论文进行审核，如图 11-7 所示。

院系负责人选择论文状态为待院系审核的记录，单击"审核"按钮进入审核页面。该页面分为上下两部分。上面为论文信息浏览，审核人员可以下载附件阅览。下面为学院审核信息，审核人员可以选择审核状态，包含退回修改、审核不通过、审核通过，如图 11-8 所示。

填写审核意见后即可提交审核。如果审核人员选择审核不通过选项，则审核流程结束，结果返回教师；如果审核人员选择退回修改，审核流程也回到教师，要求教师重新修改论文再提交审核；如果审核人员选择审核通过，则审核流程转到学校审核，教师可以查看审核进度。

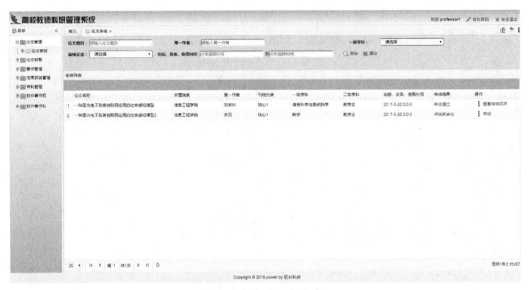

图 11-7　论文审核列表（院系级）

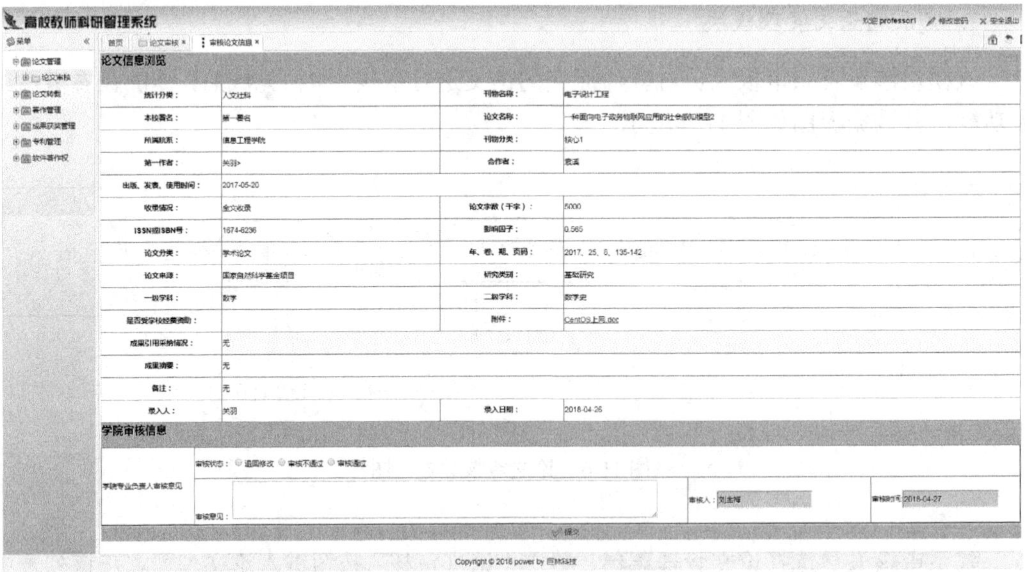

图 11-8　论文审核页面（院系级）

3. 学校端论文管理模块

在论文审核页面中对该院教师提交的论文进行审核，也可根据条件进行筛选，后期可导出 Excel 表格，方便校级领导查看，如图 11-9 所示。

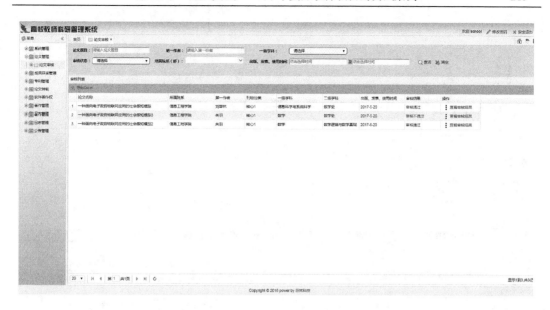

图 11-9　论文审核列表（学校级）

学校负责人选择论文状态为待学校审核的记录，单击审核按钮进入审核页面。在审核页面中，上面为论文信息，审核人可以下载附件阅览；中间为审核部分，审核人员可以选择审核状态，包含退回修改、审核不通过、审核通过。填写审核意见后即可提交审核，如图 11-10 所示。

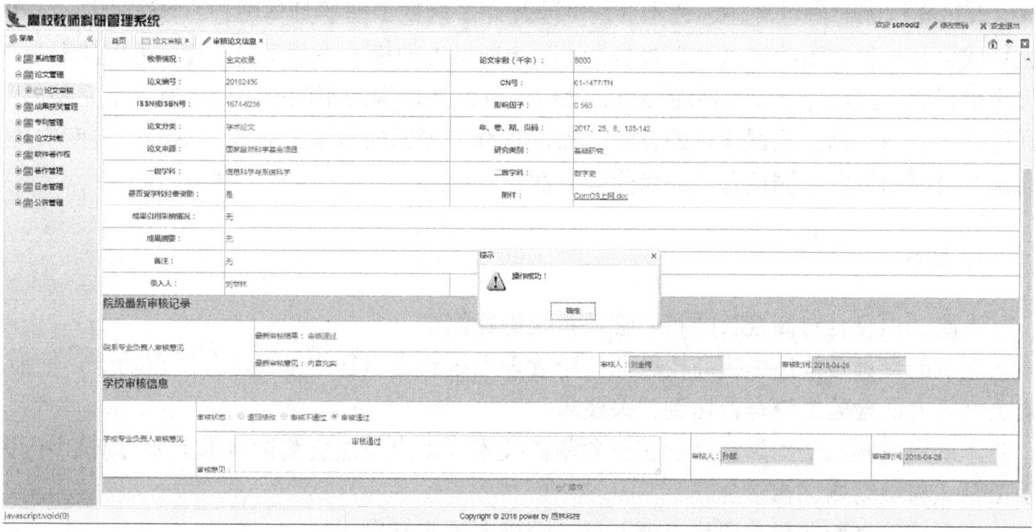

图 11-10　论文审核页面（学校级）

审核成功后，自动关闭审核页面，自动刷新审核列表。在审核列表中可以进行审核记录查看，包含院系和学校的最新审核记录，如图 11-11 所示。

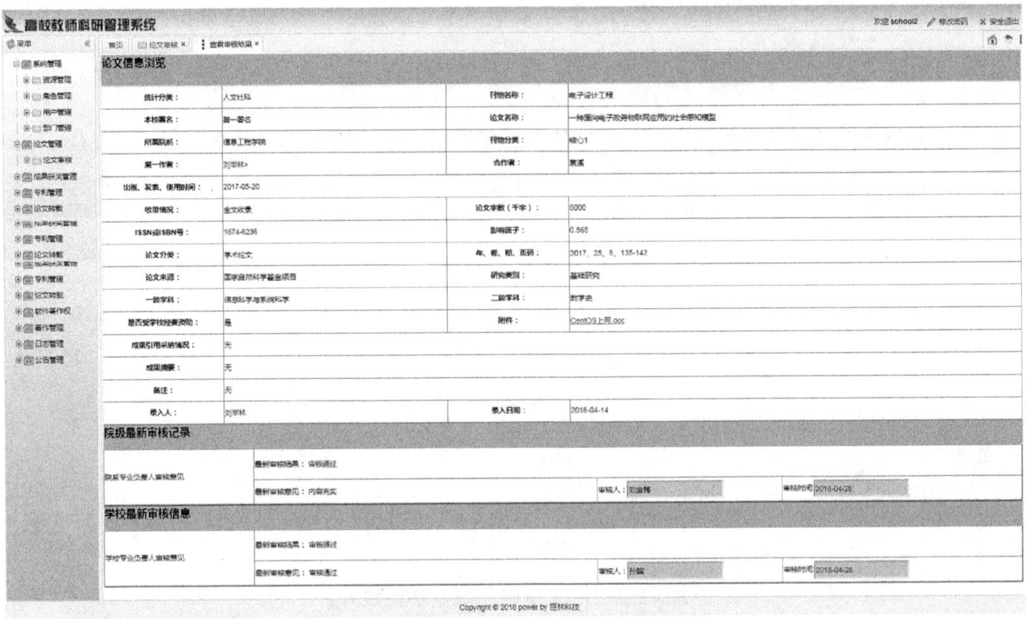

图 11-11　查看论文审核结果页面

11.2　测 试 计 划

测试计划是整个测试过程的重要组成部分,一般由测试经理来完成。测试计划只有预算、人员安排和时间进度还远远不够,要涉及许多测试工作的具体规划。测试计划工作的提交成果是一份完整的测试计划报告。测试计划报告的模板不必千篇一律,可以随着软件的应用行业、软件功能以及性能要求、管理规范性要求等的不同而不同。但一个完整的测试计划一般均包括被测试项目的背景、测试目标、测试的范围、方式、资源、进度安排、测试人员组织以及与测试有关的风险等方面。

1. 概述

本测试项目是对高校教师科研管理系统进行测试。

测试的目标是找出影响高校教师科研管理系统正常运行的错误,分别在功能、性能、安全性等方面检验系统是否达到相关要求。

本次集成测试采用黑盒测试和白盒测试技术(重点在黑盒测试技术上),测试手段为手工测试与自动测试相结合。

本测试计划面向相关项目管理人员、测试人员和开发人员。

2. 定义

质量风险:被测试系统不能实现描述的产品需求,或者系统不能达到用户期望的行为,即系统可能存在的错误。

测试用例：为了查找被测试软件中的错误而设计的一系列的操作数据和执行步骤，即一系列测试条件的组合。

测试工具：应用于测试用例的硬件/软件系统，用于安装或撤销测试环境、创造测试条件、执行测试或者度量测试结果等工作。测试工具独立于测试用例本身。

进入标准：一套决策的指导方针，用于决定项目是否已经准备进入特定的测试阶段。在集成测试阶段，进入标准会很苛刻。

退出标准：一套标准，用于决定项目是否可以退出当前的测试阶段、进入下一个测试阶段或者结束项目。与进入标准类似，测试过程后几个阶段的退出标准一般很苛刻。

功能测试：集中于功能正确性方面的测试，功能测试必须和其他测试方法一起处理潜在的重要的质量风险，如性能、负荷、容积和容量等。

3. 质量风险摘要

质量风险摘要如表 11-1 所示。

表 11-1　质量风险摘要表

风险编号	潜在的故障模式	故障的潜在效果	危险性	影响	优先级
1	各模块功能无法顺利实现	无法登录、用户信息预埋不成功等	4	5	5
2	数据处理	报表数据计算不准确	5	4	5
		审核记录不准确	3	3	4
3	并发控制	多用户访问时，系统出现速度低等问题	5	3	4
4	错误处理	不能阻止错误发生； 错误发生后处理不当	4	3	4
5	界面不友好	没有必要的提示； 操作不方便	1	5	2
6	系统响应速度慢	对用户提交信息的响应和处理速度慢	1	5	3
……	……	……	……	……	……

危险性：表示故障对系统影响的大小，5 代表致命的，4 代表严重的，3 代表一般，2 代表轻微，1 代表无。

影响：5 代表一定影响所有用户，4 代表可能影响一些用户，3 代表对有些用户可能有影响，2 代表对少数用户有限的影响，1 代表在实际使用中难以察觉的影响。

优先级：表示风险可以被接受的程度，5 代表很紧急，必须马上纠正；4 代表不影响进一步测试，但必须修复；3 代表系统发布前必须修复；2 代表如果时间允许应该修复；1 代表最好修复。

4. 测试进度计划

测试进度计划如表 11-2 所示。

表 11-2 测试进度计划表

阶段	任务号	任务名称	前序任务号	工时/（人·日）	提交结果
测试计划	1	制订测试计划		3	测试计划
测试系统开发与配置	2	人员安排	1	0.5	任务分配
	3	测试环境配置； 开发问题记录工具； 建立问题数据库	1, 2	3	可运行系统的环境； 问题记录工具； 问题记录数据库
	4	测试用例设计； 测试数据恢复工具设计开发	1, 2	30	测试用例； 数据恢复工具
测试执行	5	第 1 阶段测试通过	1, 2, 3, 4	30	测试结果记录
	6	第 2 阶段测试通过	5	20	测试结果记录
	7	第 3 阶段测试通过	6	10	测试结果记录
测试总结分析	8	退出系统测试	7	4	测试分析报告

5. 进入标准

进入标准如下：

（1）"测试小组"配置好软硬件环境，并且可以正确访问这些环境。

（2）"开发小组"已完成所有特性和错误修复并完成修复后的单元测试。

（3）"测试小组"完成"冒烟测试"——程序包能打开，随机的测试操作正确完成。

6. 退出标准

退出标准如下：

（1）"开发小组"完成了所有必须修复的错误。

（2）"测试小组"完成了所有计划的测试，没有优先级为 3 以上的错误，优先级为 2 以下的错误少于 5 个。

（3）"项目管理小组"认为产品实现稳定性和可靠性。

7. 测试配置和环境

测试配置和环境如下：

服务器 1 台；

客户机 5 台；

打印机 1 台；

地点为软件工程实验室。

8. 关键参与者

关键参与者如下：

测试经理；

测试人员；

开发人员；

项目管理人员。

<h1 style="text-align:center">11.3　测试过程概述</h1>

依照软件开发规范，为保障系统的健壮性，测试不可或缺。在系统设计完成之后还需要进行最后一项工作，对完成的系统进行测试。测试不仅是发现问题和缺陷，更重要的是解决问题。测试分为两种情况：一种是为了验证系统的功能是否可以达到预期效果，并且达到了预期效果之后在经过多次实验后是否会出现错误；另一种是在修复缺陷的过程中是否会引入新的变量导致新的缺陷产生。为了验证这两种情况，一般应在真实的环境中进行测试，常见的测试方法有 α 测试和 β 测试，但现实条件有限，测试工作只能近似地在模拟现实环境中进行，这样可以更为准确地确保结果符合我们的预期结果，进而可以使软件有效地避免意外的发生，减少不必要的损失。

1. 测试目的

测试的目的在于系统上线前发现程序中迄今为止没有找到的缺陷并制订出解决方案、成功修复缺陷，保证系统安全平稳地运行，提高软件的可靠性。合理的测试用例需要根据系统需求分析来编写，使用编写好的用例代码来测试系统功能，分析是否满足软件预先定义的功能，以及界面是否与设计相符，及时发现程序中的错误和需求偏差，避免后期对系统维护产生障碍，减少不稳定因素，降低后期维护成本；而且程序在运行中会产生复杂多变的问题，使开发和测试人员难以掌控，故应测试先行，贯穿始末，尽早发现问题并解决问题，才能保障系统的可靠性、稳定性。

2. 单元测试

单元测试常常是动态测试和静态测试两种方式并举的。动态测试可由开发人员去运行局部功能或模块以发现系统潜在的错误，也可以借助测试工具测试。静态测试就是代码审查。审查的内容包括代码规则和风格、程序设计和结构、业务逻辑等。

高校教师科研管理系统中涉及一些费用计算问题，逻辑性很强，所以程序结构也很复杂。面对复杂的业务流程以及管理各异的用户需求，没有白盒测试是不可想象的。开发人员就要严格地依照系统设计去检查代码的逻辑结构，选取有代表性的测试用例测试相关的模块。

3. 集成测试

集成测试(有时分为集成测试和确认测试两个阶段)是指将各模块组装起来进行测试，以检查与设计相关的软件体系结构的有关问题，并确认软件是否满足需求规格说明书中确定的各种需求。

此阶段的测试需要一个完备的测试管理过程，集成测试过程可以分为测试准备、测试计划、测试设计、测试执行和测试总结五个阶段。

测试准备阶段是指测试人员准备测试资源，熟悉系统。

测试计划阶段包含制订测试计划、资源分配、风险预警和进度安排等，此项工作由测试负责人来做。

测试设计阶段包括设计测试用例及相关管理工具。

完成测试设计工作后，就开始执行实际的测试工作了。

测试时另外一项非常重要的工作就是做好系统缺陷记录。

经过修改后的系统再次经过测试就是回归测试。

测试结束后要及时总结分析测试结果。测试结果的总结与分析一方面提供一个系统功能、性能、稳定性等方面的完整的分析和结论，另一方面对测试过程本身做总结，总结成功的经验和失败的教训，使日后的工作开展得更顺利。

4. 系统测试

系统测试是在真实或模拟系统运行的环境下，检查完整的程序系统能否和系统（包括硬件、外设、网络和系统软件、支持平台等）正确配置、连接，并满足用户需求。

系统测试也应该经过测试准备、测试计划、测试设计、测试执行和测试总结五个阶段，每个阶段所做工作内容与集成测试相似，只是关注点有所不同。

在高校教师科研管理系统的系统测试中，要搭建更真实的运行环境，另外还要在不同的操作系统下进行测试，如数据库服务器分别搭建在 UNIX 环境和 Win NT 环境下长时间多客户端并发运行系统的各项功能，并观测服务器的承受能力（系统的反应时间、服务器的资源占用情况等）。

5. 验收测试

验收测试是指在用户对软件系统验收之前组织的系统测试。测试人员都是真正的用户，在尽可能真实的环境下进行操作，并将测试结果进行汇总，由相关管理人员对软件做出评价及是否验收的决定。

高校教师科研管理系统一般在用户验收之前对系统进行一段时间的试运行，因此可以说该系统的验收测试就是实际的使用（但用户一般要参与软件的系统测试，即β测试，否则用户是不会放心让系统试运行的）。

由于验收测试由用户完成，不同软件实际应用的差异性又很大，这里不对其详加论述。

6. 测试步骤

为保证系统的可靠性、稳定性，系统测试分为以下几个阶段。

（1）最初的测试：在编码阶段，设计简单的测试用例确保代码的正确性，发现问题快速处理，此过程是伴随开发过程进行的。

（2）模块测试：该测试是在某个功能模块实现后，由编写的开发人员自己进行测试，结合语句覆盖和判断覆盖方法，编写测试用例进行详细的模块测试，发现逻辑流程不对，仔细核对需求进行修改。

（3）子系统测试和交叉测试：此过程是在所有模块测试完成后紧接着需要进行的步骤，把每一个模块连起来进行测试，由主开发人员和其他辅助人员进行配合测试，以发现程序缺陷。

（4）系统测试：此过程是在所有的子系统全部测试完成后要进行的测试，测试内容包含：

①功能测试，即测试已开发完毕的功能是不是满足系统预先定义的功能；

②性能测试即测试系统的负载量；

③安全性测试即测试系统是不是没有 SQL 注入、XXS 跨站点脚本攻击等常见的安全问题。

（5）验收测试：交由用户测试，利用真实数据，对整个体系进行周全的功效测试。

11.4　测试用例设计

测试用例应该由测试人员在充分了解系统的基础上在测试之前设计好,测试用例的设计是测试系统开发中一项非常重要的内容。在集成测试阶段，测试用例的设计依据为系统需求分析、系统用户手册和系统设计报告等相关资料，测试人员要和开发人员充分交互。另外还有一些内容由测试人员的相关背景知识、经验和直觉等产生。

测试用例的设计需要考虑周全。在测试系统功能的同时,还要检查系统对输入数据(合法值、非法值和边界值）的反应、合法的操作和非法的操作，以及系统对条件组合的反应等。好的测试用例能够让其他人很好地执行测试，快速地遍历所测试的功能，发现至今没有发现的错误。所以，测试用例应该由经验丰富的系统测试人员来编写，而新手则应该多阅读一些好的测试用例，并且在测试实践中用心体会。

本节给出高校教师科研管理系统中论文管理子系统的测试大纲和测试用例的主体部分。

11.4.1　论文管理子系统测试大纲

论文管理子系统中，整个论文审核流程由三个角色完成，包括教师提交论文、院系审核、学校审核。

教师端论文管理测试大纲如表 11-3 所示。

表 11-3　教师端论文管理测试大纲

性质	模块名称	目标描述	用例要点
功能测试	论文录入	测试论文录入页面是否能正常打开	单击论文录入按钮
		在论文录入页面中测试已经录入的数据是否正常显示，数据状态是否正常	添加一条论文数据
		在论文录入页面中测试已经存在的数据能否按照查询条件进行查询	在查询区域，输入论文题目、第一作者、一级学科、审核状态或出版发表时间等一个或多个条件，单击"查询"按钮
		测试录入页面中的录入论文按钮是否正常	单击"录入论文"按钮
		进入论文录入页面，填写相关数据，测试是否出现对应的提示	移动鼠标到必填输入框
		论文名称重复和不重复，测试是否能给出正确的提示信息	填写论文名称，单击"名称查重"按钮
		论文录入数据页面，测试附件能否上传成功，对附件格式是否有控制	添加不同格式的文件
		录入数据后，选择清空按钮，查看是否清空	填写数据，单击"清空"按钮
		录入完部分数据后，存在必填数据没填，单击"暂存"或"提交"按钮，查看页面是否有正确提示	填写部分数据，单击"暂存"或"提交"按钮
		在录入数据页面，录入正确的数据，单击"暂存"按钮，查看暂存功能是否正常，是否有正确的提示，再查看论文录入页面该条记录是否显示"编辑"状态	正确录入数据，单击"暂存"按钮，查看记录状态
		在录入数据页面，录入正确的数据，单击"提交"按钮，查看提交功能是否正常，是否有正确的提示，再查看论文录入页面该条记录是否显示"待院系审核"状态	正确录入数据，单击"提交"按钮，查看记录状态
		在论文录入页面中，单击一条记录的"删除"按钮，查看是否能正常删除	选择一条记录，单击"删除"按钮
	论文查看	测试"论文查看"按钮是否正常	单击"论文查看"按钮
		测试在论文查看页面，是否能对已经存在的数据按照查询条件进行查询	在查询区域，输入论文题目、第一作者、一级学科、审核状态或出版发表时间等一个或多个条件，单击"查询"按钮
		查看已经录入的论文数据是否能正常显示在列表中	打开论文查看页面，查看录入的论文数据
		选择某一条已经被审核的记录，单击"查看"按钮查看其是否正常，详细信息是否准确	单击记录后面的"查看"按钮，进入论文详情页面
	论文审核日志	测试论文审核日志菜单按钮是否正常	单击"论文审核日志"按钮
		查看某个论文记录的审核日志信息是否准确	比对论文审核信息与审核日志记录的信息是否一致

　　院系和学校负责人端论文管理测试大纲如表 11-4 所示。

表 11-4 院系和学校负责人端论文管理测试大纲

性质	模块名称	目标描述	用例要点
功能测试	论文审核	论文审核菜单按钮是否正常	单击"论文审核"按钮
		在论文审核页面,测试已经存在的数据能否按照查询条件进行查询	在查询区域,输入论文题目、第一作者、一级学科、审核状态或出版发表时间等一个或多个条件,单击"查询"按钮
		查看审核按钮是否正常,能否正确打开审核页面	单击"审核"按钮
		查看上一次审核记录按钮是否正常,是否能正常打开审核记录	单击"查看上一次审核记录"按钮
		查看审核结果按钮是否正常,能否正确打开审核结果页面	单击"查看审核结果"按钮
		查看上一次审核记录页面中的审核信息是否准确	对比教师端的审核记录
		测试审核页面中审核不通过、审核通过、退回修改按钮是否正常可用	依次单击这三个按钮
		测试审核页面中审核不通过的论文,其状态是否为"审核不通过",并且审核流程是否结束	添加一条记录,审核结果为不通过
		测试审核页面中审核结论为退回修改的论文,其状态是否为"退回修改",并且审核流程是否回到教师端,由教师再次编辑提交	添加一条记录,审核结果为退回修改
		测试在审核页面中审核通过的论文,其状态是否为"审核通过",并且审核流程是否到学院端,由学校人员进行审核	添加一条记录,审核结果为通过

11.4.2 测试用例

本节针对高校教师科研管理系统的用户登录和论文管理模块进行测试用例的设计测试。

1. 登录模块测试用例举例

登录模块测试用例举例如表 11-5 所示。

表 11-5 测试用例(登录)

功能	条件	测试步骤	测试用例编号	测试数据	预期结果	测试结果
登录	登录用户名和密码字段	1. 输入登录名、密码、验证码 2. 单击"登录"按钮	01	school、test123、正确验证码	进入学校级系统首页	
			02	school、test、正确验证码	警告"密码错误"	
			03	test、test123、正确验证码	警告"用户名错误"	
			04	school、test123、错误验证码	警告"验证码错误"	
			05	空、空、空	警告"用户名不能为空"	
			06	不空、空、空	警告"密码不能为空"	
			07	不空、不空、空	警告"验证码错误"	
……	……	……	……	……	……	

2. 论文管理模块测试用例举例

（1）使用 teacher1 账号登录系统，并提交论文。教师端论文录入相关的测试用例如表 11-6 所示。

表 11-6　测试用例（教师端论文录入）

功能	条件	测试步骤	测试用例编号	测试数据	预期结果	测试结果
论文新增	数据库有论文表，已成功登录	1. 单击"审核"按钮，进入审核页面，输入数据； 2. 单击"暂存"按钮； 3. 单击"提交"按钮；	01	输入框要求的值	暂存成功，关闭当前页面，刷新列表，状态为"草稿"	
			02	漏输必填项	提示"×××必填"	
			03	输入框要求的值	提交成功，关闭当前页面，刷新列表，状态为"待院系审核"	
		单击"审核"按钮，进入审核页面，输入论文名称	04	输入论文名称"一种面向电子政务物联网应用的社会感知模型"，其他数据正确	单击"名称查重"按钮，提示名称重复，并清空论文名称输入框的值，单击"暂存"或者"提交"按钮，提示"名称重复"，不能提交，清空论文名称输入框值，要求再次填写	
		1. 单击"审核"按钮，进入审核页面，输入数据； 2. 单击"清空"按钮	05	单击"清空"按钮	清空所有已选择的或者填写的数据，要求重新选择和填写	
……	……	……	……	……	……	

（2）使用 professor1 账号登录系统对 teacher1 提交的论文进行审核。院系端审核人的测试用例如表 11-7 所示。

表 11-7　测试用例（院系端论文审核）

功能	条件	测试步骤	测试用例编号	测试数据	预期结果	测试结果
论文审核	数据库有论文表，教师端已经提交论文，并已成功登录	1. 选择审核状态，填写审核意见； 2. 单击"提交"按钮	01	单击"退回修改"按钮	提交成功，关闭当前页面，刷新列表，状态为"退回修改"，教师端能够再次修改提交	
			02	单击"审核不通过"按钮	提交成功，关闭当前页面，刷新列表，状态为"审核不通过"，论文审核流程结束	
			03	单击"审核通过"按钮	提交成功，关闭当前页面，刷新列表，状态为"待学校审核"，教师端能够查看审核记录	
		在论文列表页面中，单击"查看上一次审核"按钮	04	单击"查看上一次审核"按钮	按钮正常，并且能够正确打开上一次审核记录页面	
		在论文列表页面中，单击"查看审核"按钮	05	单击"查看审核"按钮	按钮正常，进入审核记录页面	
……	……	……	……	……	……	

（3）使用 school 账号登录系统对教师提交并由院系审核人员审核通过的论文进行二次审核。学校端审核人的测试用例如表 11-8 所示。

表 11-8　测试用例（学校端论文审核）

功能	条件	测试步骤	测试用例编号	测试数据	预期结果	测试结果
论文审核	数据库有论文表，院系端已经审核通过	1. 选择审核状态，填写审核意见； 2. 单击"提交"按钮	01	单击"退回修改"按钮	提交成功，关闭当前页面，刷新列表，状态为"退回修改"，教师端的状态为"草稿"	
			02	单击"审核不通过"按钮	提交成功，关闭当前页面，刷新列表，状态为"审核不通过"，教师端状态为"审核不通过"	
			03	单击"审核通过"按钮	提交成功，关闭当前页面，刷新列表，状态为"审核通过"，教师端状态为"审核通过"，并成功入库，首页报表能刷新	
		在论文列表页面，单击"查看上一次审核"按钮	04	单击"查看上一次审核"按钮	按钮正常，并且能够正确打开上一次审核记录页面	
……	……	……	……	……	……	

以上是以用户登录和论文管理模块为例进行测试用例设计的举例，请读者完善所有设计用例，这里不再详细描述。

11.5　缺 陷 报 告

在测试执行阶段，需要利用缺陷报告来记录、描述和跟踪被测试系统中已经被捕获的不能满足用户对质量的合理期望的问题，即缺陷或者错误。缺陷报告可以采用多种样式，如Word、Excel 等，需要根据系统的复杂程度而定。如果需要灵活地、交互地存储、操作、查询、分析和报告大量数据，还是需要数据库的。错误跟踪数据库可以自己开发，也可以购买。

测试人员、系统开发人员和相关问题评审人员如何打开、读取和写入缺陷报告数据库的形式并不重要，重要的是对于问题的描述应该是完整的、严谨的、简洁的、清晰的和准确的。

这里列出编写好的缺陷报告的几个要点：

（1）再现：尽量三次再现故障。如果问题是间断的，则要报告问题的发生频率。

（2）隔离：确定可能影响再现的变量，如配置变化、工作流、数据集，这些都可能改变错误的特征。

（3）推广：确定系统其他部分是否可能出现这种错误，以及使用不同的数据是否可能出现这种问题，特别是那些存在严重影响的问题。

（4）压缩：精简任何不必要的信息，特别是冗余的测试步骤。

（5）去除歧义：使用清晰的语言，尤其要避免使用有多个不同含义或相反含义的词汇。

（6）中立：公正表达自己的意见，对错误及其特征的事实进行陈述，避免夸张、幽默和讽刺。

（7）评审：至少有一个同行，最好是一个有丰富经验的测试工程师或测试经理，在递交错误报告之前对缺陷报告进行评审。

11.6 测试结果总结分析

一个阶段的系统测试结束以后，应该对系统有一个完整的测试总结报告，给出系统最终测试后在功能、性能等方面所达到的状态的总结和评价，通常测试总结报告要包含量化的描述。测试总结报告将呈现给测试部门、开发部门以及公司的相关负责人。

1. 测试总结报告

图 11-12 为测试总结报告的一个模板，各行业、各阶段的软件测试会有不同的总结报告，但基本上应该有本模板所展示的项目。

***测试报告		
项目编号：		项目名称：
项目软件经理：		测试负责人：
测试时间：		
测试目的与范围：		
测试环境		
名称		软件版本
服务器操作系统		
数据库		
应用服务器		
测试软件		
测试机操作系统		
测试数据说明：		
总体分析：		
典型性具体测试结果：		

图 11-12　测试总结报告模板

2. 测试用例分析

及时对工作放进行总结，可以及时调整工作的方向，大大提高工作效率。测试工作的效果直接依赖测试用例的编写和执行状况，所以在测试过程中和测试结束后都要对关于测试用例的一些重要值进行度量。

关于测试用例的分析，通常包括以下内容：

（1）计划了多少个测试用例，实际运行了多少。

（2）有多少测试用例失败。

（3）在这些失败的测试用例中，有多少个在错误得到修改后最终运行成功。

（4）这些测试平均占用的运行时间比预期的长还是短。

（5）有没有跳过一些测试，如果有，为什么。

（6）测试覆盖了所有影响系统性能的重要事件吗。

这些问题都可以从相关的测试用例的设计和测试问题记录中找到相应的答案。当然，如果使用了数据库，这些问题就更能轻松地被解答。测试用例的分析报告可以以多种形式体现出来，如文字描述、表、图等。

11.7　软件自动化测试工具

实际测试需要投入大量的时间和精力，测试工作同样也可以采用其他领域和行业中运用多年的办法——开发和使用工具，即自动化测试使工作更加轻松和高效。采用测试工具不但能提高效率、节约成本，还可以模拟许多手工无法模拟的真实场景。

对本章的测试项目使用 LoadRunner 来进行性能测试。

启动 Visual User Generator，通过菜单"File"→"New"，新建一个用户脚本。图 11-13 是 LoadRunner 的新建页面。在弹出的菜单中选择合适的通信协议，如图 11-14 所示。

图 11-13　LoadRunner 新建页面

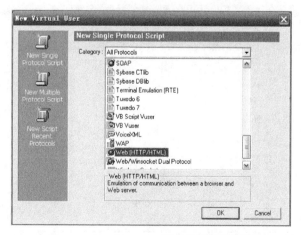

图 11-14　LoadRunner 通信协议选择页面

在菜单栏中选择 User→Start Recording，或者在工具栏中单击相应按钮，都可以启动录制脚本的命令，打开录制窗口。图 11-15 是录制后自动生成的某一段脚本。

接下来运行测试脚本，执行"Run"命令，Visual User Generator 先编译脚本，检查是否有语法等错误。

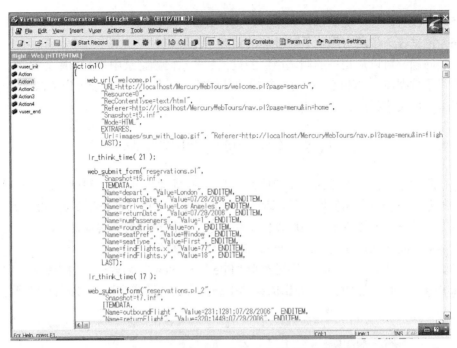

图 11-15　LoadRunner 自动生成测试脚本代码

如果有错误，Visual User Generator 将会提示错误，双击错误提示，Visual User Generator 能够定位到出现错误的那一行。为了验证脚本的正确性，还可调试脚本，如在脚本中加断点等，如图 11-16 所示。

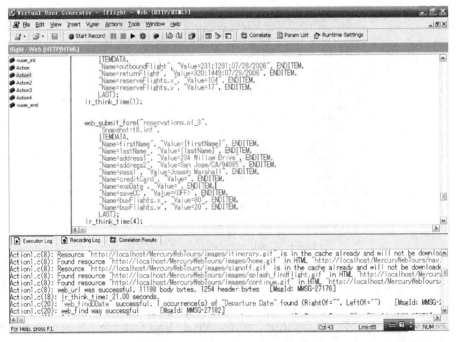

图 11-16　LoadRunner 运行脚本

最终可以通过 LoadRunner 的结果分析工具进行分析，如图 11-17 所示。

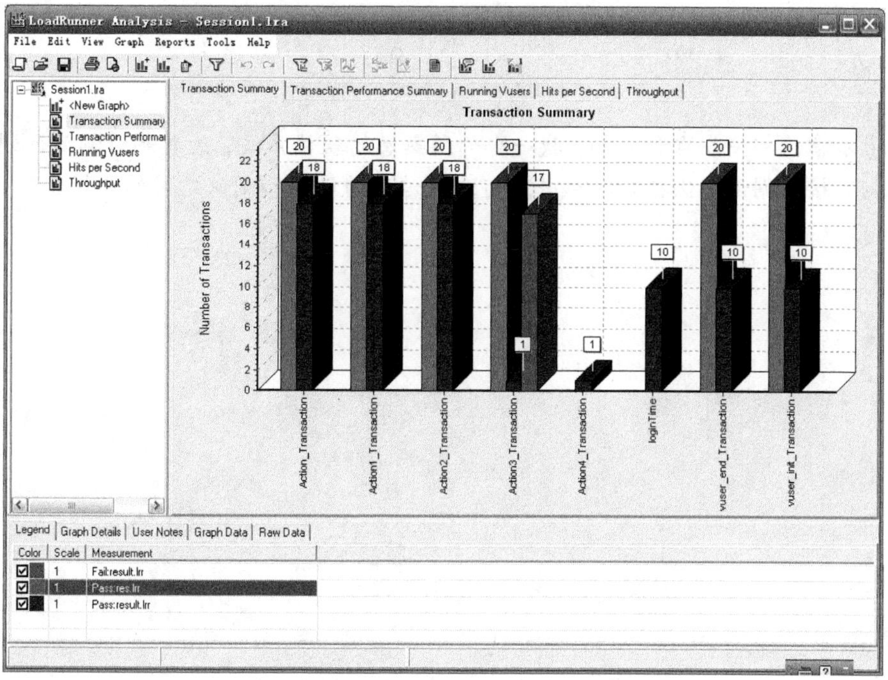

图 11-17　LoadRunner 结果分析图

11.8　文　档　测　试

广义地说，文档测试也是软件测试的一项内容。文档测试包括对系统需求分析说明书、系统设计报告、用户手册以及与系统相关的一切文档、管理文件的审阅、评测。

系统需求分析和系统设计说明书中的错误会直接带来程序的错误；而用户手册会随着软件产品交付用户使用，是产品的一部分，也会直接影响用户对系统的使用效果，所以任何文档的表述都应该清楚、准确。

文档测试时应该慢慢仔细阅读文字，特别是用户手册，应完全根据提示操作，将执行结果与文档描述进行比较，不要任何假设。耐心补充遗漏的内容、更正错误和表述不清楚的内容。

小　　结

本章以高校教师科研管理系统、项目为实际案例，介绍了该系统的背景和功能模块，描述了测试计划的设计与书写，对测试过程进行了概述，以该系统中的登录、注册和注销模块为例设计了测试用例，编写了缺陷报告，对测试结果进行了总结分析，使用 LoadRunner 继续自动化性能测试并对其结果进行分析，将一个较为完整的测试流程展现在读者面前。

习　　题

参考本章的相关步骤和文档，找一个你所熟悉的软件系统，为其制订测试计划，设计测试用例，按照测试用例执行测试并进行测试过程的记录和测试结果的分析。

参 考 文 献

韩利凯. 2005. 软件测试. 北京：清华大学出版社.

李幸超. 2006. 实用软件测试——来自硅谷的技术、经验、心得和实例. 北京：电子工业出版社.

吕云翔，杨颖，朱涛，等. 2014. 软件测试实用教程. 北京：清华大学出版社.

史银龙. 2010. 软件测试技术. 北京：高等教育出版社.

徐光侠，韦庆杰. 2011. 软件测试技术教程. 北京：人民邮电出版社.

赵斌. 2016. 软件测试技术经典教程. 2 版. 北京：科学出版社.

郑人杰，许静，于波. 2011. 软件测试. 北京：人民邮电出版社.

周元哲. 2010. 软件测试基础. 西安：西安电子科技大学出版社.

朱少民. 2005. 软件测试方法和技术. 北京：清华大学出版社.

朱少民. 2009. 软件测试. 北京：人民邮电出版社.

Jorgensen P C. 2003. 软件测试. 韩柯，杜旭涛，译. 北京：机械工业出版社.

Patton R. 2006. 软件测试. 张小松，王钰，曹跃，等译. 北京：机械工业出版社.